아이 문제 99%는

부모의 말에서

시작된다

엄마의 서재·11

세계적인 육아 멘토 아델 페이버의

아이 문제 99%는

부모의 말에서

시작된다

아델 페이버·일레인 마즐리시 지음 | 정미나 옮김

센시오

아이의 문제가 무엇인지 알고 싶다면 부모의 말부터 돌아보라

아이는 부모의 말과 행동을 토양으로 삼아 자라나는 나무와 같다. 부모가 해준 말 한마디가 아이에게 큰 상처가 되기도 하고 위로가 되기도 한다. 아이의 인생을 어지럽히는 거의 모든 문제 또한 부모의 말 한마디에서 비롯된다.

부모의 말은 아이의 말과 행동을 결정하고, 더 나아가 아이의 인생까지 바꾸어놓기도 한다. 오랜 시간 수많은 부모들을 만나서 부모와 아이 사이의 대화를 연구하면서 나는 이런 사례를 수없이 많이 경험했다. 안타까운 점은 여전히 많은 부모들이 자신의 말이 아이에게 얼마나 큰 영향을 미치는지 잘 알지 못한다는 사실이다.

마음과는 달리 계속 아이와 말싸움을 하게 되고 아이와의 갈등으로 어려움을 겪고 있다면, 자신의 아이에게 어떻게 말을 하고 있는지 생각해보자. 아이의 생각이나 감정을 인정하거나 존중하지 않고 자신의 감정을 아이에게 강요하고 있지는 않은가? 사소한 일로 시시콜콜 아이에게 잔소리를 하고 있지는 않은가? 아이의 실패를 두려워하며 아이 대신 모든 것을 해주려고 하지는 않은가? 스스로에게 이런 질문을 하다 보면 내 아이가 가지고 있는 문제의 대부분이 나의 말에서 비롯되었다는 사실을 깨닫게 된다.

이 책에서는 부모의 '올바른 말'에 대해 이야기하고 있으며, 그 밑바탕에는 아이의 마음을 진심으로 이해하고 인정하는 자세가 있다. 비난이 아닌 존중이, 의심이 아닌 믿음이 담긴 부모의 말은, 아이에게 문제의 원인이 되는 것이 아니라 성장의 토대가 되어준다.

나 역시 이 기본적인 원칙을 실천하는 데 어려움을 겪었다. 하임 기너트 박사님에게 수년 동안 가르침을 받은 후에도 머리로 알고 있는 것을 현실에 적용하는 것은 쉬운 일이 아니었고 수많은 시행착오를 겪기도 했다. 그 시간 동안 전국 곳곳을 돌며 수많은 교사와 부모, 교육 종사자를 대상으로 워크숍을 진행했고, 그들이 마음을 터놓고 이야기해준 다양한 좌절과 성공의 사례를 통해 많은 것을 배울 수 있었다. 그렇게 겪은 시행착오와 배움의 경험들이 이 책을 쓴 계기가 되었다.

물론 모든 가정마다 부모와 아이의 관계는 다르고 아이와 겪는 갈등의 종류도 제각각이기에 그 모든 상황들을 일반화하기는 힘들다. 하지만 '부모의 말'에 관한 핵심적인 원칙과 방법을 기억한다면 부모가 아이에게 건네는 말뿐 아니라, 부모 스스로를 대하는 방식에도 중요한 변화가 일어나리라 생각한다.

이 책을 쓰면서 중요하게 생각한 것은 부모들이 알고 싶어 하는 말하기 방법을 스스로 깨우칠 수 있도록 하는 것이었다. 그러기 위해 이 책에서 배운 내용을 각자의 상황에 맞춰 혼자서 혹은 주변 사람들과 함께 연습해볼 수 있도록 했다. 내가 직접, 간접적으로 경험한 다양한 사례를 풍부하게 담았으며, 입으로 뱉는 말 때문에 자녀와 자꾸만 어긋나고 서로 상처를 주는 부모들이 책의 내용을 쉽게 활용할 수 있도록 대화의 각 장면을 일러스트로 표현했다. 또한 많은 부모들이 궁금해하고 질문했던 내용들을 정리하여 Q&A 형식으로 실었다.

마지막으로, 독자들에게 도움이 되길 바라는 마음에서 몇 가지 당부하고자 한다. 우선 일러스트를 중심으로 책을 훑어보며 전체적인 내용을 파악한 다음, 1장부터 차근차근 읽어나가기를 바란다. 읽기 싫은 부분은 건너뛰고 읽고 싶은 부분만 보려는 유혹을 뿌리치고, 연습문제와 각 장의 과제까지 꼼꼼히 풀어가며 바로바로 실천해 옮겨보는 것이 무엇보다 중요하다. 주변에 같이 실천해볼 사람이 있다면 함께 연습문제도 풀고 의견을 나누어보는 것도 좋다.

이 책에 소개된 방법들은 우리가 10년 이상 연구를 하여 얻은 결과물이다. 그런 만큼 이 책을 읽으며 그 내용을 체득하는 데에는 시간이 필요할 것이다. 따라서 이 책의 내용이 옳다고 생각된다면 급하게 이 책의 내용을 적용하여 아이들이 빠른 시간 안에 변하기를 기대하기보다 조금씩 천천히 변화해나가기를 바란다. 하루에 하나씩만이라도 과제를 실천해본다면 어느 순간 '부모의 말'이 아이들의 세상에 실제로 큰 변화를 일으킨다는 사실을 절감하게 될 것이다.

이 책이 아이와 겪는 모든 문제의 해답이 되어주지는 못할 것이다. 그럼에도 불구하고 나는 이 책이 육아로 고민하는 많은 부모들에게 든든한 이정표가 되어주리라고 믿는다. 아이를 키우는 과정은 곧 수많은 좌절을 경험하는 과정이다. 하지만 이 책을 통해 그 좌절이 성장을 위한 과정임을 깨닫는 한편, 다양한 어려움 속에서도 아이들과 더 단단한 유대감을 형성하게 하며 변화하는 자신과 아이들의 모습을 느낄 수 있을 것이다.

아델 페이버
일레인 마즐리시

차례

PART 1
감성을 다스리기 힘든 아이에게 필요한
부모의 말

CHAP.3

부모들이 꼭 알아야 할 공감의 말하기 Q&A

PART 2

잔소리 없이 아이가 변화하는
긍정의 말

CHAP.1

부모의 따뜻한 말 한마디가 아이의 변화를 가져온다

PART 3

화내지 않고 갈등을 해소하는
윈윈 대화법

How To Talk So
Kids Will Listen

PART 4

의존적인 아이에게 자립심을 심어주는
부모의 말

PART 5

실수와 좌절을 두려워하지 않게 만드는
칭찬의 원칙

PART 6 | 아이의 부정적 자아상을 깨뜨리는
신뢰의 말

교육이란 화를 내거나
자신감을 잃지 않으면서도
모든 것에 귀를 기울일 수 있는 능력이다

_ 로버트 프로스트Robert Lee Frost

How To Talk So
Kids Will Listen

PART 1

감정을 다스리기 힘든
아이에게 필요한
부모의 말

CHAP
1

부모가 아이의 감정을 인정할 때 진짜 대화가 시작된다

나는 직접 아이를 낳아 기르기 전까지는 내가 분명 훌륭한 부모가 될 거라고 생각했다. 다른 부모들이 겪고 있는 문제의 원인을 누구보다 잘 알고 있다고 생각했기 때문이다. 그러다 세 명의 아이를 두게 되었다.

현실의 아이들과 사는 일은 때때로 사람을 겸손하게 만든다. 나는 아침마다 "오늘도 힘든 하루가 되겠군"이라고 혼잣말을 하곤 했다. 그리고 매일 전날과 다름없이 정신없는 아침이 시작되었다.

"저보다 쟤한테 더 많이 줬잖아요."

"이건 분홍색 컵이잖아요. 나는 파란색 컵이 좋은데."

"이 시리얼은 누가 토해놓은 것 같아요."

"쟤가 주먹으로 때렸어요."

아이 문제의 99%는 부모의 말에서 시작된다

"나는 손가락 하나 건드리지 않았다고요!"

"싫어요. 방으로 안 가요. 저한테 이래라저래라 하지 마세요!"

결국 아이들에게 지칠 대로 지친 나는 한 번도 생각해본 적 없었던 부모들의 모임에 참여하게 되었다. 그리고 그 모임에서 처음으로 심리학자 하임 기너트 박사의 강의를 듣게 되었다. 아이들의 감정을 주제로 한 모임은 생각보다 흥미로웠고, 시간이 어떻게 가는 줄도 모르게 두 시간이 훌쩍 지나버렸다. 집으로 돌아오는 내내 새롭게 알게 된 개념들이 머릿속을 맴돌았다.

- 아이들이 자신의 감정을 느끼는 방법과 행동 사이에는 직접적인 관련이 있다.
- 아이들은 자신의 감정을 올바르게 느끼면 올바르게 행동한다.
- 아이들이 자신의 감정을 올바르게 느끼도록 하기 위해서는 아이들의 감정을 인정해주어야 한다.
- 문제는 부모들이 아이의 감정을 인정해주는 않는 데에서 비롯된다.
- 부모가 계속 아이의 감정을 부정하면 아이들은 분노를 느끼기도 한다.
- 부모가 아이의 감정을 부정하면 아이들에게 자신의 감정 상태도 모른다는 생각을 심어주어 스스로를 믿지 못하게 부추기기도 한다.

그날의 모임을 마친 후에 나는 "다른 부모들은 그럴지 몰라도 난 안 그래"라고 생각했다. 그러다 내 내면의 소리에 귀를 기울이게 되었다. 사실 내가 아이와 나누는 대화는 이런 식이었다.

아이: 엄마, 저 피곤해요.
나: 피곤하다니, 무슨 말도 안 되는 소리야. 방금 낮잠을 자놓고선.
아이: (더 큰 목소리로) 그래도 피곤해요.
나: 피곤한 게 아니라 그냥 좀 졸린 것뿐이겠지. 이제 옷 갈아입자.
아이: (우는 소리를 내며) 싫어요, 정말 피곤하다고요!

아이: 엄마, 여기 너무 더워요.
나: 추운데 뭐가 더워. 스웨터 입고 있어.
아이: 싫어요, 덥다구요.
나: 엄마가 스웨터 입고 있으라고 했지!
아이: 싫어요, 덥단 말이에요.

아이: 그 프로그램은 정말 지루했어요.
나: 아니야, 아주 흥미롭던데 뭘.
아이: 나는 짜증이 나서 보고 싶지 않았어요.
나: 아니야. 그게 얼마나 교육적인 내용이었는데.
아이: 나는 개짜증이었어요.
나: 엄마가 그런 말 쓰지 말라고 했지?

아이 문제의 99%는 부모의 말에서 시작된다

이처럼 나는 끊임없이 아이들에게 자신을 믿지 말고 내 말을 믿으라고 다그쳤고, 그 결과 아이와의 모든 대화는 입씨름이 되고 말았다.

아이의 입장에서 생각하고 말하라

내가 아이를 대하는 태도를 인식하고 난 후에 나는 달라지기로 마음먹었다. 하지만 어디서부터 어떻게 시작해야 할지 막막했다. 여러 가지 방법을 시도해본 결과 가장 도움이 되었던 것은 정말로 아이들의 입장이 되어보는 것이었다. 가령 스스로에게 이렇게 물어보는 것이다. '내가 피곤하거나 덥거나 지루한 아이라면 어떨까? 그리고 자신이 너무 중요하게 생각하는 어른이 지금 자기가 느끼는 감정을 받아들여주지 않는다면 어떨까?'

그다음 몇 주 동안 나는 그 순간에 아이들이 느끼고 있는 감정을 그대로 인정해주려 애썼고, 그렇게 애쓰자 자연스럽게 그에 따라 반응하게 되었다. 억지로 말을 지어내는 것이 아니라, 정말로 진심에서 다음과 같이 말할 수 있게 되었다.

"그래, 방금 낮잠을 잤는데도 아직 피곤하구나."
"엄마는 추운데 너한테는 여기가 덥구나."
"그 프로그램이 너한텐 별로 재미가 없었구나."

어쨌든 아이와 나는 별개의 사람이니 서로 다른 감정을 가질 수 있다. 둘 중 한 사람이 맞거나 틀린 것이 아니었다. 둘 다 저마다의 감정을 느끼는 것이었다.

한동안은 이 새로운 기술이 큰 도움이 되었고, 아이들과의 입씨름이 눈에 띄게 줄었다. 그러던 어느 날, 딸이 대놓고 이런 말을 내뱉었다. "할머니 정말 싫어요." 나의 어머니를 두고 하는 말이었다. 나는 다짜고짜 따끔하게 꾸짖었다. "그런 말 하면 못써. 할머니가 정말 싫은 것도 아니면서. 다시는 그런 말 하지 마."

그 사소한 일로 아이를 대하는 나의 방식에 대해 다시 생각하게 되었다. 나는 아이들이 느끼는 감정 대부분을 잘 인정해주긴 했지만, 걱정스러운 말이나 나를 화나게 하는 말을 하면 즉시 과거의 방식으로 되돌아가곤 했다.

사실 대부분의 부모들도 나와 같은 반응을 보이기 일쑤다. 이처럼 부모가 자동적으로 부정적 반응을 보이게 되는 아이들의 말이 있다. 가령 다음과 같은 말들인데, 각각의 상황에서 부모가 아이의 감정을 부정할 경우 어떤 말을 하게 될지 적어보자.

아이: 저 아기 싫어요.

부모: (아이의 감정을 부정하며) _____

_____

_____

아이 문제의 99%는 부모의 말에서 시작된다

아이: 생일파티 시시했어요.

부모: (아이의 감정을 부정하며) _____

_____

_____

아이: 이 바보처럼 보이는 치아교정기 그만 낄래요. 아파요.

부모: (아이의 감정을 부정하며) _____

_____

_____

아이: 새로 온 감독님 정말 싫어요! 겨우 1분 늦었을 뿐인데, 경기
에 뛰지 못하게 했어요.

부모: (아이의 감정을 부정하며) _____

_____

_____

아마도 대부분의 부모들이 다음과 같이 대답했을 것이다.

"그렇지 않아. 속으로는 아기를 정말 예뻐하는 거 엄마는 알아."
"그 정도면 멋진 생일파티지. 아이스크림에 생일 케이크에 풍선까
지 다 준비했는데. 계속 그렇게 불평하면 이제는 다시는 생일파티
같은 건 없을 줄 알아!"

"치아 교정을 하려면 그 정도 아픈 건 참아야 해. 치아교정기를 하는 데 돈이 얼마나 많이 들었는지 알아? 좋든 싫든 끼고 다녀야지!"

"그게 감독님에게 그렇게 씩씩댈 일은 아니지. 네가 잘못한 거잖아. 제시간에 갔어야지."

이렇게 자신의 감정을 부정당할 때 아이들은 어떤 느낌을 받을까? 그 심정을 이해해보기 위해 다음과 같은 상황을 생각해보자.

아침에 출근을 하자마자 사장이 당신에게 별도의 업무를 맡기며 퇴근시간까지 마무리하라고 한다. 바로 그 일을 처리하려 했지만 긴급한 업무가 연거푸 터지는 바람에 사장의 지시를 깜빡 잊어버린다. 그리고 퇴근할 무렵 사장이 와서 지시한 일을 달라고 한다. 당신은 그제야 아차 싶어 재빨리 오늘 급한 업무 때문에 지시한 일을 마치지 못했다고 사정을 설명하려 한다. 하지만 사장은 당신의 말을 듣지 않은 채 버럭 소리를 지른다.

"그런 변명 따위는 듣고 싶지 않네! 내가 왜 자네한테 월급을 준다고 생각하나? 하루 종일 엉덩이를 붙이고 앉아 빈둥거리라고 주는 줄 아나?"

당신은 사정을 설명하려 하지만 사장은 "됐네"라며 쏘아붙이고는 나가버린다. 속상한 마음에 집으로 가는 길에 친구를 만나서 하소연한다. 친구는 다음과 같은 방법으로 당신을 위로하려 한다. 다음과 같은 친구들의 반응에 대한 당신의 감정을 적어보자.

친구: 그런 일 가지고 뭘 그렇게 속상해하고 그래? 그래봐야 너만 손해지. 그냥 네가 피곤해서 신경이 곤두서 있어서 그렇지, 그렇게까지 속상해할 만한 일은 아니야. 그냥 웃어 넘기라고.

당신의 반응: _____

_____

_____

친구: 산다는 게 다 그런 거야. 모든 일이 항상 원하는 대로 되지는 않아. 상황을 냉철하게 헤쳐 나갈 줄 알아야 해. 이 세상에 완벽한 건 없어.

당신의 반응: _____

_____

_____

친구: 내 생각엔 이러는 게 좋을 것 같아. 내일 아침 바로 사장실로 가서 사장에게 잘못했다고 말해. 그런 다음에 모든 일을 제쳐두고 사장이 시킨 일을 서둘러 끝내버려. 그리고 다시는 그런 일이 없도록 더 조심하라구. 그렇지 않으면 일자리를 잃을 수도 있어.

당신의 반응: _____

_____

_____

따져 묻는다

친구: 사장이 특별히 지시한 일을 잊어버릴 만큼 긴급한 용무라는 게 대체 뭐였는데? 그 일을 당장 처리하지 않으면 사장이 화낼 줄 몰랐어? 왜 사장한테 다시 한번 자초지종을 이야기해보지 않았어?

당신의 반응: _____

_____

_____

상대를 두둔한다

친구: 사장이 그렇게 화낼 만도 하네. 더 혼나지 않고 그 정도에서 끝난 걸 다행으로 알아.

당신의 반응: _____

_____

_____

동정한다

친구: 이런, 어쩌면 좋아. 어떡해. 나 같으면 속상해서 울었을지도 몰라.

당신의 반응: _____

_____

_____

어설픈 심리분석을 한다

친구: 네가 그렇게 속상한 진짜 이유가 따로 있는 것 같지 않아? 혹시 사장의 모습에서 어렸을 적 아버지의 모습과 비슷한 면을 봤기 때문은 아닐까? 네가 어렸을 때 아버지가 자주 화를 내서서 항상 마음을 졸였다고 했잖아. 아마 사장한테 혼나면서 어릴 적 아버지의 모습을 떠올린 건 아닐까?

당신의 반응: _____

_____

_____

공감해준다

친구: 정말 힘들었겠다. 다른 사람들이 보는 앞에서 그렇게 혼나 다니, 그것도 엄청난 스트레스에 시달린 후에 그랬으니 받아들이 기가 얼마나 힘들겠어!

당신의 반응: _____

_____

_____

나의 경우엔 속이 상하거나 마음에 상처를 입었을 때 가장 듣기 싫은 말이 충고를 하거나 인생에 대해 떠들어대거나 어설픈 심리 분석을 늘어놓는 것이었다. 그런 말을 듣고 나면 오히려 기분이 더 나빠진다. 동정하는 말을 들으면 비참한 기분이 들고, 이것저것 따져 물어보면 신경질적이 된다.

반면에 누군가 내 말을 귀담아들어주고 내가 왜 괴로워하는지 더 얘기할 여지를 열어주면 속상하고 심란했던 기분이 차츰 가라앉으면서 나의 감정과 내가 처한 상황에 더 잘 대처할 수 있게 된다. 심지어나 스스로에게 이렇게 말할지도 모른다 "사장님은 보통 그렇게 화를 내는 분은 아니지. 내가 그 보고서를 바로 처리했어야 했는데. 내일 일찍 출근해서 오전 중에 그 보고서부터 작성하자. 그리고 사장님에게 그런 말을 듣고 내가 얼마나 속상했는지는 얘기하면서 앞으로는 꾸짖을 일이 있으면 따로 불러 얘기해달라고 말씀드려야겠어."

이런 식의 반응은 아이들도 다르지 않다. 아이들 역시 귀 기울여주고 공감해주면 스스로 자신의 감정을 추스르며 문제에 대한 해답을 찾아나간다. 실제로 많은 부모들이 아이에게 아무것도 묻지 않고 "얼굴이 슬퍼 보이네", "무슨 속상한 일이 있구나", "힘든 하루를 보낸 모양이네"와 같이 아이의 감정을 그대로 인정하고 받아들여주자 아이가 긴장을 풀고 솔직하게 자신의 마음을 털어놓기 시작했다고 말했다. 그리고 이런 사례들을 보면서 나는 아이의 감정을 받아들여주는 이 방법의 힘을 실감할 수 있었다.

이처럼 아이의 감정을 인정하는 말을 해주면 "왜 기분이 슬픈 건

데?"라는 식으로 물을 때와는 달리 자기 감정을 변호할 필요가 없다. 그저 자유롭게 자신의 감정을 털어놓을 수도 있고, 부모로부터 이해 받았다는 사실에 위안을 얻을 수도 있다. 따라서 아이가 불편한 내색을 보이면 이유를 묻지 말고 그저 그 감정을 인정해주는 것이 좋다. 이런 말들은 아이들의 반응에 큰 차이를 가져온다.

하지만 모든 부모들이 자연스럽게 아이들에게 공감하는 말을 해줄 수 있는 것은 아니다. 실제로 부모 모임에 참여한 많은 부모들은 아이의 감정을 인정해주는 것을 무척 어려워했다. 대부분의 부모들 역시 자신의 감정을 부정당하며 성장했기 때문이다. 또한 아이의 감정을 인정해줘야 한다는 것을 머리로는 이해한다고 해도 그것을 실제 상황에서 적용하는 것은 다른 문제였다. 따라서 아이들의 감정을 이해하고 인정하는 대응을 해주기 위해서는 그 방법을 배우고 연습해야 한다. 다음은 아이들이 자신의 감정을 더 잘 다루게 도와줄 몇 가지 방법들이다. 이 방법들을 살펴보고 자신의 아이에게 어떻게 적용할 수 있을지 생각해보자.

아이의 감정을 인정해주는 방법
- 아이의 말을 진심으로 관심을 기울여 들어준다.
- "이런", "음", "그렇구나"와 같은 말로 공감을 표현한다.
- 지금 아이가 느끼는 감정이 무엇인지 한 단어로 표현해준다.
- 아이가 원하는 것을 상상을 통해 이룰 수 있도록 이끌어준다.

◆ 아이의 말을 건성으로 듣는다 ◆

아이의 말을 건성으로 듣고 대응하면 아이는 실망하고 더 이상 이해받으려는 노력도 하지 않게 된다.

◆ 아이의 말을 귀 기울여 들어준다 ◆

부모가 자신의 말에 진심으로 귀 기울여주면 아이는 한결 편안하게 고민을 털어놓는다. 때로는 아무런 말없이 아이의 입장에서 공감하며 들어주는 것만으로도 충분한 경우도 있다.

◆ 아이의 잘못을 지적하며 추궁한다 ◆

부모가 잘못을 추궁하거나 꾸짖으면 아이는 자신의 잘못을 인정하지 못할 뿐만 아니라 올바른 생각을 하기 힘들다.

◆ 아이의 감정을 인정해준다 ◆

"저런", "음…", "그래"와 같은 간단한 말 한마디로도 아이는 큰 힘을 얻을 수 있다. 자상한 태도로 아이의 말을 진심으로 들어주며 단순한 말로 공감을 해주면 아이는 자신의 생각과 감정을 살피면서 스스로 해결책까지 생각해낼 수 있다.

◆ 아이의 감정을 부정한다 ◆

부모가 아이에게 부정적인 감정을 떨쳐버리라고 다그치거나 강제하면 아이는 오히려 더 깊게 그 감정에 빠져들며 진정하지 못한다.

◆ 아이가 느끼는 감정을 한 단어로 표현해준다 ◆

부모들은 아이가 더 속상해할까 봐 아이의 감정을 구체적으로 표현해주지 않으려고 한다. 하지만 자기가 느끼는 감정을 부모가 정확하게 표현해주면 아이는 자신의 감정을 이해받는다는 느낌을 받으며 위안을 얻는다.

♦ 아이에게 논리적인 설명을 한다 ♦

아이가 가질 수 없는 뭔가를 원할 때 어른들은 그걸 가질 수 없는 이유를 논리적으로 설명하려 하곤 한다. 하지만 부모가 열심히 설명을 할수록 아이는 더 강하게 반발한다.

♦ 아이가 원하는 것을 상상을 통해 이룰 수 있도록 해준다 ♦

때로는 무언가를 원하는 간절한 마음을 부모가 알아주는 것만으로도 아이는 그 상황을 견딜 수 있게 된다.

말보다 중요한 것은 진심이 담긴 태도다

지금까지 아이의 감정을 인정하고 이해해줄 수 있는 네 가지 방법을 살펴보았다. 아이의 말을 귀 기울여 들어주고, 간단한 말로 아이의 감정을 인정해주고, 아이가 느끼는 감정을 구체적인 말로 표현해주며, 상상을 통해 아이가 원하는 것을 이루게 해주는 것이다.

하지만 어떤 말보다 더 중요한 것은 부모의 태도다. 마음은 그렇지 않으면서 말로만 공감하거나 이해하는 척하면 아이에겐 거짓이나 속임수처럼 느껴질 수밖에 없다. 부모의 말에 진실된 공감의 감정이 담겨 있을 때 비로소 아이는 부모의 진심을 느낄 수 있다.

앞에서 말한 네 가지 방법 중에서 부모들이 가장 힘들어하는 것은 아이의 감정을 귀 기울여 들어주고, 그 감정을 구체적인 말로 표현해주는 것이다. 아이가 느끼는 감정을 잘 알아차리기 위해서는 아이가 하는 말 속에 있는 진짜 의미를 찾아낼 수 있도록 집중하고 연습하는 과정이 필요하다. 무엇보다 중요한 것은 아이에게 자신의 진짜 속마음을 표현할 수 있는 말을 알려주는 것이다. 일단 자신의 감정을 표현할 수 있는 말을 익히면 아이 스스로 자신의 감정을 다스리면서 문제의 해결책까지 찾아낼 수도 있다.

다음의 표를 보면서 아이가 부모에게 자신의 감정을 표현할 수 있는 상황을 살펴보자. 각각의 상황에 해당하는 아이의 말을 보고 아이가 느끼고 있는 감정을 설명해줄 단어와 아이에게 그 감정을 이해한다는 것을 알려줄 수 있는 말은 무엇인지 적어보자.

아이 문제의 99%는 부모의 말에서 시작된다

아이의 말	아이가 느끼는 감정	아이의 감정을 이해하고 인정하는 말
"버스 기사님이 나한테 소리를 질러서 모두가 깔깔대고 웃었어요."	창피함	정말 창피했겠다.
"마이클을 한 대 때려주고 싶어요!"		
"비가 조금 왔을 뿐인데 선생님이 야외학습을 못 간다고 했어요. 선생님은 바보 같아요."		
"메리가 생일파티에 초대했는데 어떻게 해야 할지 모르겠어요."		
"선생님은 왜 주말마다 숙제를 이렇게 많이 내주는지 모르겠어요."		
"오늘 농구 연습을 했는데 공을 한 번도 못 넣었어요."		
"제니가 이사를 간대요. 나랑 제일 친한 친구인데 말이에요"		

이런 상황에서 아이가 느끼는 감정을 이해하고 있다는 것을 알게 해주려면 얼마나 많은 생각과 노력이 필요할지 알 수 있을 것이다. 우리 대다수는 다음과 같은 말들이 자연스럽게 나오지 않기 마련이다.

"이런, 화가 난 모양이네!"
"그래서 실망했겠구나."
"흠 … 생일파티에 가야 할지 고민 중인가보구나."
"숙제가 너무 많아서 짜증이 나겠구나."
"어떡해, 정말 속상했겠다."
"제일 친한 친구가 이사를 가면 정말 서운하겠다."

부모의 이런 반응은 아이에게 위안을 주며 자신의 문제를 해결해보도록 마음의 여유를 갖게 해준다. 하지만 대부분의 부모들은 '처음에는 연습한 대로 대답해줄 수 있지만, 그다음에는 무슨 말을 하지? 어떻게 말을 이어가야 하나? 그런 말을 해준 다음엔 충고를 해줘도 괜찮지 않을까?'라는 고민에 빠진다. 물론 즉각적으로 해결책을 제시해서 아이의 문제를 해결해주고 싶은 마음이 드는 것도 이해가 가지만, 충고하고 싶은 마음을 꾹 참고 다음과 같이 아이의 감정을 그대로 인정해주는 것이 더 중요하다.

아이: 엄마, 피곤해요.
부모: 그럼 누워서 좀 쉬지 그러니.

아이: 배고파요.

부모: 그럼 뭐 좀 먹어.

아이: 배 안 고파요.

부모: 그럼 그만 먹으렴.

당장 아이들을 변화시키고 싶은 마음이 들더라도 참아야 한다. 충고보다는 계속 아이의 감정을 인정하고 잘 살펴주는 것이 더 중요하다.

아이 스스로 해답을 찾게 만드는
부모 역할극

모임에서 한 아버지가 들려준 사례를 살펴보자. 어느 날 어린 아들이 화가 나서 쿵쾅대며 집으로 들어오더니 "마이클을 한 대 패주고 싶어요!"라며 앞에서 살펴봤던 그 말을 내뱉었다고 한다. 평소였다면 그 아버지는 아들에게 다음과 같이 이야기했을 거라고 했다.

아이: 마이클을 한 대 패줬으면 좋겠어요.

아빠: 왜? 무슨 일인데?

아이: 마이클이 내 노트를 땅바닥에 내팽개쳤어요!

아빠: 음, 네가 먼저 마이클에게 잘못한 건 아니고?

아이: 아니에요! 나는 정말 아무것도 안 했다고요.

아빠: 정말이야? 너는 가끔 보면 네가 먼저 시작해놓고는 다른 사람 탓을 하더구나. 네 형한테도 그러고.

아이: 아니에요, 그런 거 아니에요. 걔가 먼저 절 건드렸다고요. 아빠랑은 말이 안 통해요.

하지만 이 아버지는 부모들의 모임에서 아이가 자신의 감정을 더 잘 다루게 도와주는 방법에 대해 알게 된 후 모임에서 배운 대로 아이에게 다음과 같이 이야기해주었다.

아이: 마이클을 한 대 패줬으면 좋겠어요.

아빠: 저런, 정말 화가 난 모양이구나!

아이: 그 얼굴에 주먹을 날려주고 싶었다니까요!

아빠: 그 정도로 걔한테 화가 단단히 난 거야!

아이: 그 바보 같은 자식이 저한테 어떻게 했는지 아세요? 버스 정류장에서 제 노트를 잡아채더니 땅바닥에 내동댕이쳤다고요. 아무 이유도 없이요!

아빠: 흠!

아이: 미술실에서 걔가 만든 그 바보 같은 점토 새를 깨뜨린 사람이 저라고 생각해서 그랬겠죠.

아빠: 너는 그렇게 생각하는구나.

아이: 하지만 전 깨뜨리지 않았어요. 제가 그런 게 아니라고요!

아빠: 네가 그러지 않았다는 거네.

아이: 그러니까 그게, 일부러 깨뜨린 게 아니었어요! 멍청한 데비가 탁자 쪽으로 절 밀치는 바람에 어쩔 수가 없었어요.

아빠: 데비가 널 밀어서 그랬구나.

아이: 네. 그래서 탁자 위에 있던 것들이 와르르 넘어지면서 마이클이 만든 새가 깨졌어요. 제가 일부러 깨뜨린 게 아니에요.

아빠: 일부러 깨뜨린 게 아니었구나.

아이: 네. 그런데 걔는 내 말을 믿지 않았어요.

아빠: 마이클한테 사실대로 말하면 믿어주지 않았을까?

아이: 잘 모르겠어요. 어쨌든 얘기는 해봐야겠어요. 하지만 걔도 저한테 사과해야 한다고 생각해요. 노트를 땅바닥에 던져서 미안하다고!

아이의 말을 듣고 아버지는 깜짝 놀랐다. 아이는 묻지도 않았는데 친구와 있었던 일을 먼저 이야기했을 뿐만 아니라 어떤 충고도 하지 않았는데 스스로 해결책을 생각해냈다. 아이의 말을 귀 기울여 들어주고 그 감정을 인정해주는 것만으로도 이런 변화가 생길 수 있다는 것이 믿기지 않았다.

책을 보면서 다른 부모들의 사례를 살펴보고 연습문제를 풀어본다고 해서 아이와의 대화에서 쉽게 이런 방법을 적용할 수 있는 것은 아니다. 따라서 아이들과 대화를 해보기 전에 부모들이 역할을 나누어 연습을 해보면 도움이 된다.

다음은 두 사람이 역할을 나누어 연습을 해볼 수 있는 상황이다. 두 사람이 각각 부모의 역할과 아이의 역할을 맡아서 역할극을 해보고 어떤 느낌이 드는지 이야기해보자.

아이의 상황

기침을 심하게 해서 병원에 갔더니 의사 선생님이 매주 주사를 맞아야 한다고 한다. 주사는 아주 아플 때도 있고, 참을 만한 때도 있다. 그런데 오늘 맞은 주사는 정말로 아팠다. 진료실에서 나오는데 그 아픈 느낌을 부모님이 알아주었으면 하는 마음이 든다. 이때 부모님이 다음과 같이 두 가지 방법으로 반응해준다고 생각해보자. 각각의 상황에서 어떤 기분이 느껴지는지 스스로에게 물어본 후에 상대에게 그 기분을 얘기해준다.

• 부모의 대응 1: 아이가 아프다는 걸 부정하지만 이해해주려 계속 애쓴다.

아이: 주사 맞는데 아파서 죽을 뻔했어요.

부모: _____

_____

_____

• 부모의 대응 2: 같은 상황에서 다른 반응을 보인다.

아이: 주사 맞는데 아파서 죽을 뻔했어요.

부모: _____

_____

_____

매주 아이를 데리고 병원에 가서 주사를 맞혀야 한다. 아이가 주사 맞는 걸 무서워한다는 건 알지만 주사는 대부분 잠깐 아프고 만다는 것도 알고 있다. 그런데 오늘은 아이가 아프다며 심하게 툴툴댄다.

• 부모의 대응 1: 다음과 같은 말로 아이의 감정을 부정하면서 아이가 더 이상 불평을 하지 못하도록 한다.

"에이, 뭐가 그렇게 아프다고 그래."

"너도 참, 그게 뭐 별거라고."

"형은 주사를 맞고도 너처럼 아프다고 징징거리지 않던데."

"이렇게 떼를 쓰는 건 아기나 하는 짓이야."

"이제 매주 주사를 맞아야 하니까 주사를 맞는 데 익숙해져야 해."

대화가 마무리되면 당신이 느낀 기분을 자문해본 후 그 기분을 역할극 상대에게 얘기해준다.

• 부모의 대응 2: 같은 상황에서 이번에는 다음과 같은 말로 아이

"정말 아픈가 보구나."

"이런, 이렇게 아파서 어떡하면 좋지?"

"엄마도 어렸을 때 주사를 맞고 너무 아파서 엉엉 울었어."

"매주 주사를 맞으려니 힘들지. 그래도 주사를 다 맞고 나면 엄청 건강해질 거야."

대화를 마무리한 후 이번엔 어떤 기분이 들었는지 스스로에게 물어보고 이야기해보자.

아이의 역할을 하며 감정을 무시당하고 부정당했을 때 점점 화가 나지 않았는가? 처음엔 주사를 맞고 속상했다가 나중엔 부모에게 화가 나지는 않았는가? 아이를 달래는 부모의 역할을 할 때는 '억지 부리는' 아이에게 점점 더 짜증이 나지 않았는가? 이것이 감정을 부정당할 때 일어나는 일반적인 상황이다. 부모도 아이도 서로에게 점점 적대적이 되어간다.

부모 역할을 하며 아이의 감정을 인정해주었을 땐 입씨름을 주고받을 일이 없어지는 기분이 들지 않았는가? 아이 역할을 하며 감정을 인정받았을 때 더 존중받는 기분이 들지 않았는가? 자신이 얼마나 아픈지를 누군가가 알아주니 통증을 견디기가 더 쉽지 않았는가?

우리가 아이의 감정을 인정해주면 아이는 자신의 진짜 마음을 알게 되고, 자신의 속마음을 확실히 알고 나면 견뎌보려는 힘을 끌어모으게 된다.

핵심 정리 아이의 감정을 공감하는 한마디의 말

- 아이의 말을 귀 기울여 들어준다.

- 한 단어로 아이의 감정을 인정해준다.
"이런.", "음.", "그렇구나."

- 감정을 말로 표현해준다.
"그래서 답답한 모양이구나!"

- 상상을 이용해 아이가 원하는 것을 이룰 수 있도록 해준다.
"내가 지금 바로 그 바나나를 익게 만들어줄 수 있으면 좋을 텐데!"

주의해야 할 점:

어떤 감정이든 인정해주어야 하지만, 해서는 안 되는 특정 행동에 대해서는 한계도 알려주어야 한다. 예를 들어 "네가 동생에게 얼마나 화가 나 있는지 잘 알겠어. 동생에게 원하는 게 있으면 주먹이 아니라 말로 하렴"과 같이 해서는 안 되는 행동은 분명하게 알려줄 필요가 있다.

1. 하루에 한 번은 아이와 대화를 나누면서 아이의 감정을 인정해주는 말을 해주자. 그리고 아이와 나눈 대화를 적어보자.

상황 : _____

아이 : _____

_____

부모 : _____

_____

아이 : _____

_____

부모 : _____

_____

아이 : _____

_____

부모 : _____

_____

아이 문제의 99%는 부모의 말에서 시작된다

CHAP
2
아이의 감정을 인정해주는
부모의 말

아이들의 감정을 인정해주는 말의 진정 효과에 놀라워하는 부모들도 있었다. "진정해!"나 "그만 해!" 같이 예전에 쓰던 말은 오히려 아이의 마음을 더 불안하게 만들었다면, 아이들의 감정을 있는 그대로 받아들여주는 몇 마디 말은 잔뜩 흥분해 있는 아이의 사나운 감정까지 다독여주어 기분을 극적으로 바꾸어놓을 때가 많았다고 한다.

내가 부모들에게 알려주는 기본원칙은 언제나 같다. 하지만 이런 원칙을 적용하면서 보여주는 부모들의 독창성이나 아이들이 나타내는 다양한 반응에 거듭 놀라게 된다. 지금부터 소개할 사례들은 여러 부모들이 보내준 내용이다. 이 사례들에서 부모들이 항상 아이에게 '모범적인' 반응을 보여주는 것은 아니지만 아이의 말에 진심으로 귀기울여주려는 태도를 보이며 아이의 변화를 이끌어내고 있다.

속상한 아이에게 "다 네가 혼날 만하니까 그런 거지!" 대신 할 수 있는 말

끝없이 투정을 부리는 것만 같은 아이의 감정을 무조건 공감해주는 것이 쉬운 일은 아니다. 어떤 부모들은 그냥 관심을 받고 싶은 마음에 투정을 부리는 아이의 감정까지 모두 인정을 해주어야 하는지 의문을 드러내며 다음과 같이 물었다.

"정말 별것도 아닌 일로 무너지는 애는 어떻게 하죠? 누가 자기 팔꿈치를 스쳤다는데 뭐라고 해줘야 하죠? '에고에고! 아프겠다!'라며 받아주면 훨씬 더 사소한 것에도 투덜거리게 되지 않을까요?"

하지만 아이들의 하루는 온갖 좌절과 감정을 자극하는 경험으로 가득할 수 있다. 아마도 누군가가 팔꿈치를 살짝 스친 일은 아이가 하루 종일 느낀 부정적인 감정을 터뜨리게 만드는 결정타였고, 그동안 쌓인 감정을 해소하기 위해 울기 위한 핑계일 수도 있다. 아이가 그냥 관심과 위로를 받고 싶어 한다면 그저 관심과 위로를 주는 것이 좋다. 그렇지 않으면 아이는 우리의 관심을 얻기 위해 더 짜증을 돋우는 다른 방법을 찾을지도 모른다. 그럴 때는 그저 아이를 안아주며 이렇게 말해주면 된다. "어디가 아픈데? 뽀뽀를 해야줘야겠네." 이렇게 보이지 않는 상처를 치료해줄 수 있는 전용 반창고를 따로 챙겨놓는 것도 한 방법이다. 이제 다음의 사례를 살펴보자.

아이 문제의 99%는 부모의 말에서 시작된다

사례

제 딸 홀리가 학교에서 돌아와서는 말했어요.

홀리: 오늘 체육 시간에 선생님이 나한테 소리를 쳤어요.

엄마: 그래?

홀리: 나한테 아주 호통을 쳤다니까요.

엄마: 선생님께서 정말로 화가 많이 나셨나 보구나.

홀리: "배구를 할 때는 그렇게 공을 치는 게 아니야. 이렇게 해야지!"라면서 소리를 질렀다고요. 그런데 내가 배구에서 그렇게 공을 치는 걸 어떻게 알겠어요? 공을 치는 법을 제대로 가르쳐준 적도 없다구요.

엄마: 선생님이 너한테 소리를 지르셔서 너도 화가 났겠구나.

홀리: 선생님 때문에 정말 화가 났어요.

엄마: 선생님이 정당한 이유도 없이 소리를 치셨으니 너도 화가 날 만하지.

홀리: 아무리 선생님이라도 그렇게 소리를 지르면 안 돼요.

엄마: 선생님이 너한테 소리를 지르면 안 됐다고 생각하는구나.

홀리: 맞아요. 너무 화가 나서 나도 선생님을 괴롭히고 싶어요. 선생님 모양의 인형을 만들어서 때려줬으면 좋겠어요.

엄마: 여기저기 군밤을 먹여줄 수도 있지.

홀리: 발로 밟아주고요.

엄마: 꼬집어줄 수도 있지.

이쯤 되니까 홀리가 웃기 시작했고 나도 따라서 웃었어요. 딸아이는 급기야 깔깔대고 웃기 시작했고 나도 소리를 내서 웃었죠. 잠시 후에 홀리는 선생님이 소리를 지른 것은 정말 잘못한 일이라고 말하면서 이렇게 덧붙여 말했어요. "그런데 이제는 선생님이 어떻게 배구공을 치라고 한 건지 확실하게 알 것 같아요."

예전의 나였다면 이렇게 말했을 거예요. "네가 잘못한 게 있으니까 선생님이 소리를 치셨겠지. 다음번엔 선생님 말씀하시는 걸 잘 들어보렴. 그래야 제대로 배울 수 있지." 그러면 딸아이는 문을 쾅 닫고 자기 방에 들어가 선생님뿐만 아니라 엄마도 자신의 마음을 몰라준다며 원망하고 분통을 터뜨렸을 거예요.

사례

내가 막 잠이 든 갓난아기를 침대에 눕히고 있는데 에반이 유치원에서 돌아왔어요. 에반은 그날 친구 채드의 집에서 놀기로 되어 있어서 잔뜩 들떠 있었고, 집에 들어서자마자 채드네 집에 가지고 졸라댔죠.

에반: 저 왔어요, 엄마. 이제 채드네 집에 가요!
엄마: 아기가 지금 막 잠들었으니 조금 있다가 가자.
에반: (화를 내며) 지금 갈래요. 엄마가 유치원에서 오면 가자고 했잖아요.
엄마: 엄마가 널 자전거에 태워서 데려다주고 엄마는 돌아오면 어

떨까?

에반: 싫어요! 엄마가 같이 있어주는 게 좋아요. (발작적으로 울음을 터뜨리며) 지금 당장 가요!

그러더니 에반은 유치원에서 가져온 그림을 마구 구겨서 쓰레기통에 쑤셔 넣었어요. 그 순간 아이의 감정을 인정해줘야 한다는 말이 떠올라 아이에게 다음과 같이 말해주었어요.

엄마: 저런, 화가 많이 났구나! 얼마나 화가 났으면 이렇게 그림까지 구겨버렸을까. 채드랑 놀 생각에 신이 났는데, 아기 때문에 채드네 집에 가지 못해서 정말 속상하지?

에반: 맞아요. 채드네 집에 정말 가고 싶었는데. (울음을 그치며) 그럼 지금 텔레비전 봐도 돼요, 엄마?

엄마: 그럼.

혼란스러운 상황에 빠진 아이에게 '두 가지 감정'에 대해 설명해주기

사례

네 살 난 다니엘이 아빠가 낚시를 가는데 따라가고 싶다고 하더군요.

아빠: 좋아, 같이 가자. 하지만 낚시를 가면 밖에서 아주 오래 서 있어야 해. 오늘 날씨가 아주 춥다고 하던데, 괜찮겠니?

다니엘: (잠깐 망설이다가) 마음이 바뀌었어요. 집에 있을래요.

결국 아이 아빠 혼자서 낚시를 떠났는데, 5분 정도 지나자 다니엘이 울음을 터뜨렸어요.

다니엘: 아빠가 나를 두고 혼자 갔어요. 내가 가고 싶다고 했는데!

엄마: 네가 집에 있겠다고 했잖아. 그만 울어. 네 울음소리 듣고 싶지 않으니까, 울려면 네 방에 가서 울어.

아이는 서럽게 울며 자기 방으로 뛰어갔고, 얼마 후에 저는 새로 배운 방법을 시도해보기로 하고 아이의 방으로 가서 울고 있는 아이에게 말을 건넸습니다.

엄마: 정말로 아빠랑 같이 낚시를 가고 싶었나 보구나, 그렇지?

그러자 다니엘이 고개를 끄덕였어요.

엄마: 그런데 날씨가 아주 춥다는 아빠 말에 마음이 갈팡질팡해서 결정을 내리지 못했던 거구나. 생각해볼 시간도 충분하지 않았고.

다니엘: 네, 그랬어요.

아이 문제의 99%는 부모의 말에서 시작된다

그리고 나는 눈물을 닦고 있는 다니엘을 꼭 안아주었죠. 그랬더니 침대에서 내려와 놀러 나가더라고요.

생각해보면 어른들도 여러 가지 감정을 동시에 느끼며 혼란스러울 때가 있다. 그건 아이들 역시 마찬가지이다. 다만 아이들은 자신이 느끼는 두 개의 감정을 정리하여 표현하지 못하고 부모들이 보기에 투정이나 떼를 쓰는 것처럼 표현할 뿐이다. 이럴 경우 아이가 느끼는 두 개의 감정을 올바르게 표현해주면 자신의 감정을 스스로 정리하고 표현할 수 있는 아이로 성장할 수 있다.

실제로 어떤 엄마는 새로 남동생을 갖게 된 아이에게 틈만 나면 네가 새로 생긴 동생을 사랑하고 있다고 말해주었다고 한다. 그럴 때면 아이는 고개를 내저으며 "아니요! 아닌데요!"라고 대답했다. 그러자 엄마는 아이에게 이렇게 말해주곤 했다.

"엄마가 보기엔 네가 아기에게 두 가지 감정을 갖고 있는 것 같아. 어떤 때는 동생이 생겨서 기쁠 거야. 보고 있어도 재밌고 같이 놀기도 재밌어서. 또 어떤 때는 동생이 있는 게 싫을 때도 있겠지. 없어져버렸으면 좋겠고."

이렇게 이야기를 해주자 아이는 이제 일주일에 한 번은 엄마에게 "엄마, 제 두 감정에 대해 얘기해주세요"라고 먼저 다가온다고 한다.

아이가 "난 진짜 바보예요"라고 말한다면

아들 론이 머리에서 발끝까지 온몸에 진흙을 뒤집어쓴 채 풀이 죽은 얼굴로 들어왔어요.

아빠: 바지에 진흙이 잔뜩 묻었구나.

론: 네, 축구 시합을 하다 엉망이 되었어요.

아빠: 힘든 시합이었나 보네.

론: 네, 나는 정말 축구에는 소질이 없나 봐요. 제리한테도 밀려서 넘어진다고요.

아빠: 다른 아이한테 밀려서 넘어지면 기운이 빠지지.

론: 맞아요. 나도 영화 주인공처럼 힘이 더 셌으면 좋겠어요.

아빠: 슈퍼맨처럼 말이지?

론: 네, 그러면 상대편 애들을 전부 넘어뜨릴 수 있을 텐데.

아빠: 태클을 걸려는 친구를 넘어뜨리고 막 달릴 수도 있고.

론: 먼 거리도 마음대로 공을 패스할 수도 있고요. 나는 짧은 패스밖에 못하거든요.

아빠: 그럼 달리면서 패스하면 되겠네.

론: 맞아요. 그러면 축구를 더 잘할 수 있을 거예요.

아빠: 이젠 더 잘할 수 있을 것 같은 자신이 드나 보구나.

론: 다음번엔 더 잘할 거예요.

아빠: 그래, 넌 더 잘할 거야.

평상시였다면 나는 아들에게 "넌 실력이 있어. 단지 이번 시합에서 실력을 발휘하지 못했을 뿐이야. 걱정 마. 다음엔 더 잘할 거야"라는 식으로 대꾸를 했을 테고, 그러면 아들은 화를 내면 자기 방으로 들어가버렸을 거예요.

사례

한스는 얼마 전부터 아주 권위적인 선생님 때문에 스트레스를 받으며 힘들어하고 있었어요. 스트레스 때문에 우울감이 심해질 때는 자신을 '바보'라고 말하기도 하고, 자기가 바보라 아무도 좋아하지 않는다고 하기도 했죠. 하루는 너무 걱정이 된 남편이 한스와 같이 앉아서 이야기를 나누었어요.

아빠: (다정한 어조로) 한스, 넌 바보가 아니야.
한스: 전 구제불능의 바보예요. 바보, 바보라고요.
아빠: 아니야 한스, 넌 바보가 아니야. 있잖아, 넌 내가 아는 여덟 살짜리 중에 제일 똑똑한 아이야.
한스: 아니에요. 나는 똑똑하지 않아요. 바보예요.
아빠: (여전히 다정한 어조로) 넌 바보가 아니야.
한스: 전 한심한 바보예요.

대화가 계속 이런 식으로 이어졌어요. 아빠는 끝까지 한 번도 화를 내지는 않았지만, 한스는 잠을 자러 가면서도 자신을 바보라고 말하며 여전히 우울해했어요. 그러다 부모 모임에서 아이의 감정을 인정해줄 때 사용했던 표현이 떠올랐어요. "그런 감정을 느끼면 힘들 거야." 이 말을 들은 한스가 잠시 생각에 잠기더니 "맞아요"라고 한마디를 내뱉었어요.

그 말을 들으니 어쩐지 계속 해볼 만한 힘이 생기더군요. 그래서 몇 년 동안 아들이 했던 기특하거나 특별했던 말 혹은 행동들을 닥치는 대로 이것저것 늘어놓았어요. 아들은 한동안 듣고만 있다가 "엄마가 자동차 열쇠를 못 찾아서 온 집 안을 다 뒤지고 있을 때 제가 차 안을 살펴보라고 말했는데 정말 차 안에 열쇠가 있었어요. 그 일 기억나세요?"라며 자신의 기억 속에 있던 이야기를 꺼내기 시작했어요. 이런 얘기를 나눈 지 10분 정도 지났을 무렵 한스는 어느 정도 자신에 대한 믿음을 회복한 것처럼 보였어요. 그리고 나는 그런 한스를 꼭 안아주며 굿나잇 키스를 해주었지요.

부모가 아이의 불행한 감정을 밀어내려고 할수록 아이는 그런 감정에 더 꼼짝없이 갇히게 된다. 중요한 것은 아이가 부정적인 감정을 더 편하게 받아들인 다음 더 쉽게 그 감정을 놓아주게 해주는 것이다. 많은 부모들이 불행한 감정을 표현하면 아이들이 그 감정에 더 빠져들까 봐 걱정하곤 한다. 하지만 자신의 감정을 다스릴 수 있는 성숙한 아이로 키우고 싶다면 여러 가지 부정적 감정을 자연스럽게

아이 문제의 99%는 부모의 말에서 시작된다

표현하도록 해주는 것이 도움이 된다.

무작정 조르는 아이에게
입씨름보다 효과 있는 "~라면 좋을 텐데" 비법

현실에서 들어줄 수 없는 것을 환상을 통해 해결하는 방법을 잘 활용한 부모의 사례도 있었다. 이런 부모들은 누가 옳고 그른지, 왜 그런지에 대해 아이들과 입씨름을 하며 싸우는 것보다 "…라면 좋을 텐데" 식으로 말하는 것이 갈등을 해소하는 데 도움이 된다고 말했다.

사례

데이비드: (당시 열 살이었음) 새 망원경이 필요해요.

아빠: 새 망원경? 지금 있는 것도 멀쩡한데, 왜?

데이비드: 그건 어린이용 망원경이잖아요!

아빠: 네 또래 아이에게는 어린이용이 맞아.

데이비드: 아니에요. 200배율 망원경이 필요해요. 그래야 크레이터를 볼 수 있거든요.

아빠: 아… 너는 크레이터를 자세히 보고 싶은 거구나.

데이비드: 맞아요!

아빠: 지금 아빠가 뭘 바라는지 아니? 그 망원경을 사줄 돈이 있으면 좋겠다는 거야. 아니, 400배율 망원경을 사줄 수 있으면 정말

기쁠 것 같아.

데이비드: 600배율 망원경이요.

아빠: 아니, 800배율 망원경이면 더 좋을 거야.

데이비드: (점점 들뜨서) 1,000배율 망원경이요! 아빠는 그럴 수 있으면 팔로마 산에 있는 그런 망원경을 사주고 싶으신 거죠!

둘이 같이 웃음을 터뜨리는 순간, 나는 무엇이 변화를 끌어냈는지 깨달았어요. 환상을 펼쳐주기 위한 열쇠 하나로 아이는 현실의 부정적인 감정에서 벗어나 환상에 빠져들었어요. 데이비드는 그 환상이 실제로 일어나지 않으리란 걸 알았지만 내가 자신이 원하는 것을 진지하게 받아들여준다는 사실을 이해하고 고마워하는 것 같았어요.

사례

남편과 나는 딸아이 레슬리와 아들 제이슨을 데리고 자연사 박물관에 갔어요. 우리 가족은 정말 즐겁게 박물관 관람을 했고 아이들의 행동도 나무랄 데가 없었어요. 하지만 나오는 길에 기념품 매장에서 문제가 생겼어요. 대부분의 기념품들이 너무 비쌌지만, 별 수 없이 아들에게 작은 암석 세트를 사주었죠. 그랬더니 이번엔 공룡 모형을 사달라고 보챘어요. 나는 지출을 무리하게 했다고 알아듣게 말해봤어요. 남편은 암석 세트를 사주었으니 그것으로 만족하라고 타일렀죠. 하지만 결국 제이슨은 울음을 터뜨렸고 남편은 뚝 그치라며 애처럼 군다고 나무랐어요. 제이슨은 아예 바닥에 주저앉아 더 크게 울었어요.

아이 문제의 99%는 부모의 말에서 시작된다

다들 우리를 쳐다봤어요. 어찌나 창피하던지 바닥으로 꺼져버리고 싶었어요. 그러다 그 생각이 어떻게 떠올랐는지 모르겠지만 나는 가방에서 펜과 종이를 꺼내 글을 쓰기 시작했어요. 제이슨이 뭐 하는 거냐고 물으면서 내 행동에 관심을 보였어요. 나는 "제이슨이 공룡을 가졌으면 좋겠다고 쓰고 있지"라고 대답해주었어요. 그 말에 아들은 절 빤히 쳐다보며 말했어요. "그럼 프리즘도요." 그래서 "프리즘도"라고 써 넣었어요.

잠시 후 제이슨은 정말 놀라운 행동을 했어요. 이것저것 구경하고 있던 누나에게 달려가 이렇게 말했어요. "누나, 엄마한테 누나가 갖고 싶은 거 말해. 그럼 누나가 원하는 것도 써주실 거야." 그리고 믿기 힘들겠지만, 사태는 그렇게 일단락되었고 아이들과 함께 무사히 집으로 돌아왔죠.

그 뒤로 이 아이디어를 여러 번 활용했어요. 제이슨을 데리고 장난감 가게에 갔다가 아들이 여기저기 뛰어다니며 갖고 싶은 걸 죄다 손가락으로 가리킬 때마다 펜과 종이를 꺼내 아들의 '위시 리스트'에 전부 써주었어요. 그러면 아들은 만족스러워하는 것 같아요. 게다가 그렇게 적어둔다고 해서 그중에서 뭐든 사줘야 할 필요도 없어요. 물론 특별한 경우에는 예외일 테지만요.

제이슨이 그런 '위시 리스트'를 좋아하는 이유를 제 나름대로 추측하자면, 그런 위시 리스트를 통해 엄마가 자신이 원하는 게 뭔지를 알고 있을 뿐만 아니라 글로 적어놓을 만큼 관심을 가져준다는 점을 알게 되기 때문이 아닐까 싶어요.

공감의 대화를 망치는 부모의 말들

아이들은 자기 말을 그대로 따라하는 것을 싫어한다.

아이: 이젠 데이비드가 싫어요.

부모: 이젠 데이비드가 싫구나.

아이: (짜증스러워하며) 왜 제 말을 똑같이 따라하고 그래요.

이런 아이는 자신의 말을 그대로 앵무새처럼 따라 하는 것보다는 다음과 같이 조금 다른 방식으로 대응하는 것을 더 좋아한다.

"데이비드가 널 괴롭히나 보구나."

"데이비드한테 진짜 짜증이 난 모양이네."

속이 상할 땐 아무 말도 하지 않는 걸 좋아하는 아이들도 있다.

이런 아이들에겐 엄마나 아빠가 옆에 있어주는 것만으로도 충분히 위안이 된다. 한 엄마는 거실로 나갔다가 열 살인 딸이 눈에 눈물 자국이 젖은 채로 소파에 털썩 주저앉는 걸 보고는 딸의 옆에 앉아 두 팔로 감싸 안아주며 작게 속삭였다. "무슨 일이 있었구나." 그리곤 5분 동안 말없이 딸과 같이 앉아 있어주었다. 마침내 딸이 한숨을 내쉬며 말했어요. "고마워요, 엄마. 이제 기분이 나아졌어요." 엄마는 딸에게 무슨 일이 있었는지 끝내 알지 못했지만, 자신이 옆에 있어준 것이 딸에게 위안이 된 것만은 분명했다. 1시간 후에 딸이 콧노래를 부르며 자기 방으로 들어가는 소리가 들려왔기 때문이다.

아이 문제의 99%는 부모의 말에서 시작된다

아이의 감정이 격해져 있을 때는 진심으로 아이의 편이 되어 이야기해준다.

한번은 워크숍에서 한 십대 아이가 이런 이야기를 해주었다. 어느 날 오후 아이의 가장 친한 친구가 자신의 개인적인 비밀을 다른 사람들에게 이야기를 했다. 잔뜩 화가 난 채 집에 돌아왔을 때 엄마에게 그날 있었던 일을 얘기했더니 엄마는 차가운 말투로 "너 지금 화가 나 있구나"라고 대꾸했다.

이런 엄마의 대응에 아이는 더 화가 나서 엄마에게 쏘아붙였다. "그러게요."

아이의 이야기를 듣고 나는 그때 엄마가 어떤 말을 해주길 바랐는지 물었고, 아이는 잠깐 생각하다 다음과 같이 대답했다.

"문제는 말이 아니었어요. 말하는 태도였죠. 그 말투에서 관심조차 없는 사람을 대하는 것처럼 느껴졌거든요. 엄마가 내 편이라는 걸 보여주기 바랐던 것 같아요. 그냥 '저런, 그 친구한테 아주 화가 났겠네'라고 말해줬다면 엄마가 이해해준다고 느꼈을 거예요."

부모가 아이보다 더 격하게 반응하는 것은 도움이 되지 않는다.
십대: (투덜거리는 말투로) 스티브가 자꾸만 길모퉁이에서 30분쯤 기다리게 만들어 놓고선 뻔히 사실도 아닌 변명거리를 지어내 말하잖아요.
엄마: 괘씸하네! 너한테 어떻게 그럴 수 있니? 배려 없고 무책임한 애구나. 다시는 보고 싶지도 않겠다.

아이가 불만을 이야기하면 부모가 오히려 더 극단적인 대응을 하는 경우가 있다. 위의 대화에서 십대 아이는 엄마의 말처럼 친구에게 그렇게 격하게 반응을 할 생각은 없었을 것이다. 단지 엄마가 자신의 불만을 이해하고 공감해주길 바랐을 것이다. 하지만 이처럼 엄마의 극단적인 감정은 아이에게 또 하나의 부담으로 작용하게 된다.

아이가 스스로를 비하할 때는 다른 방식으로 공감을 표현한다.

아이가 당신 앞에서 스스로를 멍청하다거나 못생겼다거나 뚱뚱하다고 말할 땐 "그렇지, 너도 네가 멍청하다고 생각하지"나 "정말로 네가 못난이라고 느끼는구나" 식으로 대꾸하는 것은 도움이 되지 않는다. 아이가 자신을 부정적으로 말한다면 공감을 해주는 것보다는 다른 방법으로 아이의 아픔을 받아들여주는 것이 좋다.

아이: 선생님이 매일 밤 15분씩만 내면 수학 문제를 풀 거라고 하셨는데 저는 다 푸는 데 1시간을 꼬박 채워야 해요. 전 정말 멍청한가 봐요.
부모: 문제를 푸는 게 생각보다 더 오래 걸리면 낙담할 수도 있어.

아이: 전 웃으면 치아교정기밖에 안 보여서 꼭 못난이같아요.
부모: 그 교정기를 낀 모습이 정말 싫구나. 그리고 이 말이 별 힘이 되지 못할지도 모르겠지만 나는 너를 보면 그저 즐거워. 교정기를 끼고 있든 아니든 언제나.

아이 문제의 99%는 부모의 말에서 시작된다

지금까지 살펴본 방법을 한번에 완벽하게 적용하지 못한다고 해서 위축될 필요는 없다. 다시 한번 말하지만, 감정을 다룬다는 것은 하나의 방법일 뿐 과학이 아니다. 부모들이 어느 정도의 시행착오를 거치고 이런 기술에 능숙해지고 나면 아이에게 도움이 되는 말과 도움이 되지 않는 말이 무엇인지 쉽게 구분할 수 있을 것이다. 또한 연습 문제를 풀다 보면 짜증을 유발하는 것과 위안이 되는 것, 거리감을 벌리는 것과 친밀감을 북돋는 것, 상처를 주는 것과 치유해주는 것이 무엇인지 금세 깨달을 수 있을 것이다.

CHAP 3

부모들이 꼭 알아야 할
공감의 말하기 Q&A

Q 부모가 항상 아이의 감정에 공감해줘야 하나요?

그건 아닙니다. 부모가 아이들과 주고받는 대화는 대부분 일상적인 것들이지요. 만일 아이가 "엄마, 오늘 학교 끝나고 데이비드의 집에 놀러 가기로 했어요"라고 말하는 경우에 "그래, 오늘 오후에 친구 집에 가기로 했구나"라는 식으로 매번 대꾸해줄 필요는 없습니다. 그냥 알려줘서 고맙다고 말하는 것만으로도 충분합니다.

공감이 필요한 때는 아이가 자신의 감정을 알아주길 바랄 때입니다. 사실 아이의 긍정적 감정에 공감을 해주는 것은 어렵지 않습니다. 아이가 신이 나서 "오늘 수학 시험에서 97점 받았어요!"라고 말하면 함께 기뻐하면서 "97점을 맞았다고? 기분 정말 좋겠는네!"라고 대꾸해주는 건 어렵지 않으니까요.

아이 문제의 99%는 부모의 말에서 시작된다

특별한 방법이 필요한 때는 아이가 부정적 감정을 느끼는 순간입니다. 예전에 하던 대로 아이의 감정을 무시하거나 부정하고 잔소리나 훈계를 하려는 마음을 꾹 참아야 합니다. 어떤 아빠는 아들이 마음에 상처를 받는 것이 곧 몸에 상처가 나서 아픈 것과 같다고 생각하게 되면서 아이의 마음에 깊이 공감할 수 있게 되었다고 합니다. 아이가 감정적으로 괴로워할 때에도 몸에 상처를 입었을 때와 마찬가지로 진심 어린 관심을 가져줘야 한다는 것을 깨달은 거죠.

Q 아이에게 "왜 그렇게 느끼는데?"라고 직접적으로 물어보면 안 되나요?

자신이 왜 무섭거나 화나거나 속상한지를 분간할 수 있는 아이들도 있지만 대다수 아이들은 '왜?'라고 이유를 물으면 오히려 더 난처해합니다. 안 그래도 괴로운데 그 이유를 분석해 그럴듯한 설명을 해야 하는 상황이 되어버렸으니까요. 아이들은 감정을 느끼면서도 자기가 왜 그런 감정을 느끼는지 이유를 모를 때가 아주 많습니다. 어른들이 보기엔 올바른 이유가 아니고 부모님이 '고작 그까짓 일로 울었다고?'라는 식으로 생각할까 봐 선뜻 말하지 못할 때도 있고요.

따라서 어린아이들에게는 "무슨 일인데?" 혹은 "왜 그렇게 느끼는데?"라고 묻지 말고 "무슨 슬픈 일이 있는 모양이구나"와 같이 이야기해주는 것이 훨씬 더 도움이 됩니다. 설명을 다그치는 어른보다는 자신의 감정을 인정해주는 어른에게 마음을 열고 자신의 이야기를 하게 되는 거지요.

Q 우리가 아이의 감정에 공감하고 있다는 걸 아이가 알게 해줘야 하나요?

어른이든 아이든 힘들고 괴로운 순간에 필요한 것은 공감이나 비공감이 아니라 자신의 감정을 인정받는 것입니다. "그래, 정말 그래." 이런 말은 당장은 듣기 좋을지 몰라도 아이가 스스로 상황을 생각해보지 못하게 방해할 수도 있어요. 예를 들어볼까요?

아이: 선생님이 학급 연극을 취소한대요. 나쁜 선생님이에요!
엄마: 예행연습까지 그렇게 해놓고 나서 취소를 한다고? 네가 그렇게 생각할 만도 하겠다. 정말 나쁜 선생님이네!

이렇게 단순하게 공감을 표현해줄 경우 더 이상 아이와 나눌 이야기가 없어지게 됩니다. 하지만 다음의 대화를 볼까요?

아이: 선생님이 학급 연극을 취소하겠대요. 나쁜 선생님이에요.
엄마: 실망이 크겠구나. 네가 얼마나 기대했던 일인데.
아이: 맞아요. 애들 몇이 예행연습에서 장난을 쳤다고 취소한다잖아요. 그건 걔들 잘못인데.
엄마: (말없이 들어준다.)
아이: 자기 역할을 제대로 하지 않는다고 화를 내셨어요.
엄마: 그랬구나.
아이: 우리가 '열심히 하면' 기회를 한 번 더 주겠다고 하셨어요.

　　　　아이 문제의 99%는 부모의 말에서 시작된다

나도 다시 대사 연습을 해봐야겠어요. 엄마가 좀 도와주세요.

이런 대화를 보면 부모가 크게 공감을 표현하지 않고 그저 아이의 말을 들어주는 것만으로도 아이 스스로 해결책을 찾아갈 수 있음을 알 수 있습니다. 아이는 자신의 감정이 인정받을 때 훨씬 더 쉽게 건설적인 사고를 할 수 있다는 사실을 잊지 마세요.

Q 아이에게 제가 이해하고 있다는 걸 알려주어야 한다면 그냥 "네가 어떻게 느끼는지 다 알아"라고 말해주면 되지 않나요?

"네가 어떻게 느끼는지 다 알아"라고 말할 경우에 아이들은 그 말을 믿지 않고 "아니, 엄마는 몰라요"라고 대답하기 십상이죠. 하지만 "수업 첫날이라 겁이 났겠구나. 새롭게 적응해야 할 것들이 많으니까"라는 식으로 구체적으로 짚어 말해주면 아이는 당신이 정말로 이해해주고 있다는 걸 알게 될 거예요.

Q 아이의 감정을 알아내려 애를 써보았는데, 잘못 이해했으면 어쩌죠?

그래도 괜찮습니다. 아이가 바로 바로잡아줄 테니까요. 다음의 대화를 볼까요?

아이: 아빠, 시험이 다음 주로 미뤄졌어요.

아빠: 그렇다면 마음이 놓였겠는 걸.

아이: 아니요, 화가 났어요! 다음 주에 똑같은 걸 또 공부해야 되
잖아요.

아빠: 그래, 후딱 끝내버리고 싶었던 거구나.

아이: 맞아요!

부모가 항상 아이의 감정을 완벽하게 이해할 수는 없습니다. 우리
가 할 수 있는 것은 아이의 감정을 이해하려고 노력하는 것뿐이에요.
항상 잘 되진 않겠지만 보통은 그 노력은 인정받게 될 거예요.

Q 아이의 감정을 인정해줘야 한다는 건 알겠지만, "엄마, 나빠요"
혹은 "엄마, 미워요" 같은 말을 들으면 어떻게 반응해야 할지 잘 모르
겠어요.

"미워요." 같은 말을 듣고 마음이 상했다면 그런 마음을 아이에게
알려줘보세요. 예를 들어 "그런 말을 들으면 속상해. 화나는 일이 있
으면 다른 식으로 얘기해보렴. 그러면 내가 도움이 되어줄 수도 있
어"라고 말해보세요.

Q 아이의 감정을 이해하고 있다는 걸 알려주는 것 말고 짜증 나
있는 아이를 도와줄 다른 방법은 없나요? 우리 아들은 어떤 식으로
든 짜증이 나면 잘 참지 못합니다. 감정을 인정해주며 "정말 짜증나겠
다!"와 같이 말해주면 도움이 되는 경우도 있지만, 감정이 아주 북받
쳐 있을 땐 제 말은 들으려고도 안 할 때가 많아요.

아이 문제의 99%는 부모의 말에서 시작된다

아이가 아주 속상해할 때는 신체활동이 괴로운 감정을 덜어내는 데 도움이 될 수도 있어요. 실제로 화가 나 있다가도 베개를 주먹으로 치거나, 낡은 상자를 북북 찢거나, 고함을 지르거나, 다트를 던지고 난 후에 기분이 가라앉았다는 아이들의 사례가 많이 있습니다. 하지만 부모들이 지켜보기에도 가장 마음 편하고, 아이들이 하기에도 가장 만족스러운 활동 한 가지가 있어요. 감정을 그림으로 그려보는 거예요. 다음의 두 사례를 살펴봅시다.

부모 모임에 갔다가 막 집에 돌아와 보니 세 살짜리 아들이 바닥에 드러누워 떼를 쓰고 있었어요. 남편은 진절머리난다는 듯한 얼굴로 가만히 서 있다가 나를 보면서 "잘됐네, 아동 전문가가 오셨으니. 이번에도 잘 다루는지 어디 보자고"라고 말했어요.

나는 여전히 바닥에 누워 악을 써대고 있는 아들을 내려다보다 펜과 종이를 건네며 말했어요.

"자, 얼마가 화가 났는지 엄마한테 보여줘. 네가 느끼는 감정을 그림으로 그려봐."

그 말에 아들은 벌떡 일어나 화가 난 원들을 그리기 시작했어요. 그러다 저에게 보여주며 말했어요.

"제가 지금 이렇게 화가 나 있어요!"

나는 "와, 정말로 화가 나 있구나!"라고 말하며 종이를 한 장 더 주고는 "좀 더 보여줘"라고 했어요.

아들은 종이에 그림을 마구 휘갈겨 그리다 다시 말했어요.

"이렇게나 화가 나 있다고요!"

네 번째 종이를 건네주었을 때쯤 아들은 확실히 기분이 가라앉아 있었어요. 자기가 그린 그림을 한참 쳐다보다 "이젠 행복한 기분이 보여요"라고 하더니 자기가 그린 원 안에 두 눈과 미소 짓는 입을 그렸어요. 그저 감정이 어떤 상태인지 보여달라고 했을 뿐인데 2분 만에 히스테리를 부리던 아이가 방긋방긋 웃게 되다니, 믿을 수가 없었어요. 나중에 남편은 이렇게 말하더군요. "그 모임에 계속 다녀."

다음 모임에서는 다른 엄마가 같은 방법을 활용해본 경험담을 얘기했어요.

나의 아들 토드는 조슈아와 같은 세 살이지만 뇌성마비를 앓고 있어요. 다른 애들에겐 자연스럽게 일어나는 모든 일이 토드에겐 대단한 일들이죠. 고개를 똑바로 세우고 서서 넘어지지 않는 것도 힘들죠. 예전에 비하면 아주 많이 좋아졌지만 툭하면 신경질을 부리는 건 여전해요. 자기가 하려는 행동이 잘 안 될 때는 몇 시간이나 악을 써대요. 가장 힘들 때는 아들이 저를 발로 차는 것도 모자라 물려고 들기까지 할 때에요. 그럴 땐 아들이 자기가 그렇게 힘든 게 모두 나의 잘못이고, 그러니 제가 뭐든 해주어야 한다고 생각하는 것 같은 느낌까지 받고는 해요.

지난주에 조슈아 엄마의 이야기를 듣고 집으로 가면서 '토디가 떼를 쓰기 전에 내가 이해해주면 어떨까?' 하는 생각이 들었어요. 그날

아이 문제의 99%는 부모의 말에서 시작된다

오후 아들은 새 퍼즐을 가지고 놀고 있었어요. 큰 조각 몇 개로 된 아주 간단한 퍼즐이었어요. 그런데 마지막 조각을 맞추지 못하고 있었고 몇 번 시도해보는가 싶더니 얼굴이 차츰 그 익숙한 표정으로 변했어요. '아이고 이런, 또 시작이군!' 저는 이런 생각을 하며 아들에게 후다닥 달려가 소리쳤어요. "잠깐만! 가만히 있어 봐! 엄마가 뭐 좀 가져올게!" 아들은 깜짝 놀란 표정을 짓더군요. 저는 아들의 책장을 미친 듯이 뒤적이다 보라색 크레용과 도화지 한 장을 가져와서는 아들과 함께 바닥에 앉아 말했어요. "토드, 네가 지금 이렇게 화나 있는 거야?" 그렇게 묻곤 지그재그 선을 거칠게 그렸어요.

아들이 "네"라고 말하며 내 손에서 크레용을 확 잡아채 가서는 거친 선들을 막 그렸어요. 그러다 도화지를 찌르고 또 찔렀고, 도화지는 구멍투성이가 되었죠. 나는 그 도화지를 집어 들어 빛에 비춰보며 말했어요. "우리 아들이 아주 화가 나 있구나. 정말로 너무너무 화가 나 있어!" 아들은 도화지를 잡아당겨 가져가서는 울면서 그 도화지를 갈기갈기 찢었어요. 다 찢고 나서는 나를 보면서 말했어요.

"사랑해요, 엄마."

아들이 저한테 그런 말을 하는 건 처음이었어요. 그 뒤로도 그런 시도를 계속하고 있는데 항상 통하는 건 아니에요. 아들에게 펀칭백 같은 다른 신체적 배출구를 찾아줘야 할 것 같아요. 하지만 서서히 깨닫는 게 있어요. 아들이 화가 나서 그림을 그리거나 펀칭백을 칠 때는 제가 옆에 있어주는 것이 가장 중요한 것 같아요. 옆에서 지켜봐주면서, 아이가 아무리 화가나 있더라도 그런 감정을 이해하고 인정한다는 점을 알게 해줘야 해요.

Q 아이의 감정을 무조건 다 인정해주면 아이가 자기가 뭘 하든 제가 받아주는 줄로 생각하게 되지 않을까요? 전 자유방임적인 부모가 되고 싶지 않아요.

우리도 이런 방법이 너무 자유방임적인 것은 아닌지 고민했습니다. 하지만 우리가 아이들의 모든 행동을 받아주어야 한다고 말하는 것은 아닙니다. 예를 들어 다음과 같이 말하게 되는 상황을 가정해봅시다. "포크로 버터에 무늬를 그려 넣는 게 재미있나 보네."

하지만 이런 말을 해주는 것이 용납해줄 수 없는 행동까지 다 받아줘야 한다는 얘기는 아닙니다. 버터를 치우면서 꼬마 '예술가'에게 이렇게 말해줄 수도 있어요. "버터는 가지고 노는 게 아니야. 무늬를 새겨 넣고 싶으면 점토로 하면 돼."

부모가 아이들의 감정을 받아들여주면 아이들도 부모가 정해주는 한계선을 더 잘 받아들이게 된답니다.

Q 아이에게 어떤 문제가 있을 때 충고를 해주지 말라는 이유가 뭔가요?

아이에게 충고를 해주거나 바로 해결책을 알려줘버리면 아이가 자신의 문제를 붙잡고 씨름하는 과정에서 일어나는 경험을 못 해보게 빼앗는 것과 다름없습니다.

Q 아이에게 도움이 안 될 만한 반응을 보였다는 걸 뒤늦게야 깨닫게 되어도 할 수 있는 일이 있을까요? 어제 딸이 학교에 갔다가 아주 속상해하며 집에 왔어요. 애들 몇 명이 운동장에서 자기를 괴롭혔다며 얘기를 하고 싶어 했죠. 전 피곤하고 딴 일에 정신이 팔려 딸의 말을 건성으로 들으며 그만 울라고, 그런 일로 세상이 끝나는 것도 아니지 않냐고 말했어요. 딸은 슬픈 얼굴을 하고는 자기 방으로 올라갔어요. 제가 딸의 기분을 더 망쳐놓았다는 건 알겠는데 지금 제가 뭘 할 수 있을까요?

"그때 그렇게 말하지 않았다면 좋았을 텐데. 왜 좀 더 아이의 감정을 이해하는 말을 해주지 못했을까" 스스로에게 이런 말을 하게 될 때마다 부모는 또 한 번의 기회를 저절로 얻게 됩니다. 아이들과의 삶은 열린 결말이에요. 언제나 또 한 번의 기회가 있어요. "전에 네가 나에게 했던 얘기를 생각해봤어. 애들이 운동장에서 널 괴롭혔다면서. 정말 속상했겠다." 연민은 이르거나 늦든 언제나, 상대방이 알아주게 되어 있어요.

How To Talk So
Kids Will Listen

PART
2

잔소리 없이
아이가 변화하는
긍정의 말

부모의 따뜻한 말 한마디가
아이의 변화를 가져온다

아이들의 이야기를 진심으로 귀 기울여 들어주려 노력하다 보면, 새삼 깨닫게 되는 것이 하나 있다. 아이들은 어떤 문제에 부딪힐 때마다 자신의 감정을 분명하게 표현한다는 사실이다. 우리 집 아이들 역시 때로는 아끼는 장난감이 없어졌다고, 때로는 새로 자른 머리 모양이 마음에 들지 않는다며 불평을 해댔다. 또한 이런저런 이유로 형제들과 말다툼을 하기도 했다.

초보 부모들은 이런 아이들의 모습을 투정을 부리고 떼를 쓰는 것으로 보겠지만, 그 모든 것들은 아이들이 상처를 받았고 불편한 감정을 느끼고 있다는 표현이다. 그리고 부모들은 어떻게든 아이들이 받은 모든 상처, 분노, 절망에 적절하게 대처해야 한다. 중요한 건 어떤 상황에서도 이성을 잃고 감정적으로 아이를 대해서는 안 된다는 것이다.

아이를 변화시키는 건 부모의 꾸준한 노력이다

아이의 감정을 인정하고 공감해주는 것이 아이에게 위로가 된다는 사실을 알고 있다고 해도 그것을 실천하는 것은 여전히 쉬운 일이 아니다. 많은 부모들이 아이에게 공감한다는 표현을 하는 것을 낯설고 어색해한다. 실제로 부모들은 다음과 같은 반응을 보였다.

"처음엔 정말 어색했어요. 내 모습이 아닌 것 같았고, 마치 연극을 하는 기분이었어요."

"조금 가식적으로 느껴졌지만 아이를 위한 올바른 행동이었던 것 같아요. '네', '아니요', '꼭 해야 돼요?'라며 단답식으로 대답하던 아들이 갑자기 나에게 말을 걸기 시작했으니까요."

"나는 괜찮은데 아이가 불편해하는 것 같아요. 나를 의심스러운 눈초리로 보더라니까요."

"전에는 내가 아이들의 말에 귀 기울여준 적이 없었다는 사실을 깨달았어요. 아이들이 할 말을 마칠 때까지 기다려주자 내가 하는 말을 들어주기도 하더군요. 하지만 아이의 말을 제대로 귀 기울여 들어주는 건 여전히 쉽지 않아요. 아이의 말에 제대로 호응을 해주려면 집중해서 들어야 하거든요."

한 아버지는 이렇게 하소연했다.

"노력해봤는데 잘 안됐어요. 딸이 학교에 갔다가 시무룩한 얼굴로 집에 돌아왔기에 평상시처럼 '왜 그렇게 뚱한 얼굴이야?'라고 말하는 대신 '속상한 일이 있었나 보구나'라고 말했더니, 딸은 눈물을 터뜨리며 자기 방으로 뛰어가 문을 쾅 닫아버렸어요."

나는 그 아버지에게 처음에는 아이가 낯선 부모의 반응에 어색해하더라도 결국에는 이 방법이 분명 효과가 있을 거라고 말해주었다. 아이는 그날 평소와 달리 누군가 자신의 감정에 관심을 가져주고 있다는 것을 깨달았을 것이다. 나는 그 아버지에게 포기하지 말라고 당부하며 시간이 흐르면 아이도 아버지가 자신의 감정을 인정해준다는 것을 깨닫고 아버지에게 마음을 터놓고 고민을 이야기할 때가 있을 거라고 이야기해주었다.

공감에 관한 사례 중에 가장 기억에 남는 것은 엄마가 부모 모임에 참석하고 있다는 걸 알고 있던 십대 아들의 이야기였다. 하루는 이 소년이 학교에 갔다 집에 와서 분통을 터뜨리며 투덜거렸다.

"체육복 바지를 가져오지 않았다고 오늘 경기에 참여하지 못하게 한 건 너무해요. 시합 내내 벤치에 앉아 구경만 해야 했다고요. 너무 억울했어요!"

"정말 속상했겠다."

엄마가 걱정스러운 얼굴로 아들에게 말했다. 그러자 아들이 버럭 쏘아붙였다.

"그래요, 엄마는 언제나 다른 사람들 편이죠!"

그런 아들의 반응에 처음에는 당황했지만, 엄마는 아들의 어깨를 붙잡고는 다시 말했다.

"내 말을 제대로 안 들은 것 같구나. 엄마는 '네가 정말 속상했겠다'라고 말한 거야."

아이 문제의 99%는 부모의 말에서 시작된다

그러자 아들은 눈을 깜박이며 엄마를 빤히 쳐다보다 말했다.
"아빠도 그 모임에 가셔야겠어요!"

잔소리하는 부모, 반항하는 아이

부모가 가장 많이 아이들과 갈등을 겪는 부분 중의 하나가 바로 아이들에게 사회적으로 바람직한 행동을 가르치는 과정이다. 모든 부모들은 자신의 아이가 예의 바르고 단정하며 규칙에 따라 행동하며 자신이 맡은 일은 스스로 처리할 수 있기를 바란다. 하지만 아이들은 이런 부분에는 전혀 관심이 없다. 부모가 아이에게 사회적 규범을 가르치려 노력할수록 아이들은 더 강하게 저항한다.

그러다 보면 부모는 끊임없이 아이들에게 잔소리를 하는 사람이 되어버린다. "손 씻어야지", "목소리 낮춰", "숙제는 했어?", "발로 테이블 차지 마", "소파 위에서 뛰면 안 돼", "먹는 거 가지고 장난치는 거 아니야", "이제 잘 시간이야" 등 부모는 계속해서 아이에게 해야 할 일과 하지 말아야 할 일을 이야기한다. 반면에 아이들은 점점 "내가 하고 싶은 대로 할 거예요"라면서 고집을 부리며 부모와 맞선다. 결국 부모는 아이에게 아주 간단한 일까지도 일일이 지시하고 시켜야 하는 상황이 되고, 아이는 부모를 하기 싫은 일만 시키는 귀찮은 존재로 여기며 심할 경우 부모에 대한 적대감까지 갖게 된다.

이쯤에서 잠깐 아이와 일상적인 하루를 보내면서 아이에게 하라

고, 또는 하지 말라고 강요하는 것이 무엇인지 생각해보고 다음의 빈
칸에 적어보자.

• 매일 아이에게 하라고 시키는 일

오전 _____
_____
_____

오후 _____
_____
_____

저녁 _____
_____
_____

• 매일 아이에게 하지 말라고 하는 일

오전 _____
_____
_____

오후 _____
_____

아이 문제의 99%는 부모의 말에서 시작된다

저녁 _____

_____

_____

당신이 아이에게 기대하는 것이 현실적이든 비현실적이든, 이 목록 때문에 당신은 아이와 씨름을 하며 많은 시간과 에너지를 쏟아야 한다.

해결책은 없을까? 우선 부모들이 아이에게 바람직한 행동을 가르치기 위해 일반적으로 사용하는 방법 몇 가지를 살펴보자. 각 방법마다 어린 시절로 되돌아가 자신이 부모님의 말을 듣고 있는 아이라고 생각하며, 부모에게 그런 말을 들었을 때 어떤 기분일지 적어보자.

야단친다

"너 때문에 유리 문에 또 손자국이 났잖아. 넌 왜 항상 그 모양이니? 도대체 뭐가 문제야? 문을 열고 닫을 때는 손잡이를 잡으라고 몇 번이나 말했잖니. 너는 무슨 말을 해도 잘 듣지 않아서 탈이야."

내가 아이의 입장이라면? _____

_____

_____

아이의 느낌: "나보다 문이 더 중요한가 봐"

"내가 한 게 아니라고 거짓말을 해야지."

"난 구제불능이야."

"엄마 앞에서는 항상 주눅이 들어."

"엄마한테 대들고 싶어."

"내가 말을 잘 안 듣는다고요? 그럼 앞으로도 쭉 안 들을게요."

비난한다

"오늘 날이 춥다고 말했는데 이렇게 얇은 재킷을 입으면 어떡해! 어쩜 그렇게 생각이 모자라니?"

"자전거는 아빠가 고쳐줄게. 너는 기계를 다루는 데는 소질이 없다는 거 잘 알잖니."

"왜 그렇게 지저분하게 먹는 거니? 바닥에 빵 부스러기가 떨어져서 치워야 하잖아."

"방 안을 이렇게 돼지우리처럼 만들어놓으면 어떡하니? 그렇게 게을러서 나중에 뭐가 될래?"

내가 아이의 입장이라면? _____

_____

_____

아이의 느낌: "엄마 말이 맞아. 난 멍청하고 기계에 대해서는 젬병
이니까."

"노력은 해서 뭐해?"

"엄마 말은 계속 듣지 말아야지. 재킷도 안 입을 테야."

"엄마 미워!"

"에휴, 또 잔소리 시작이네!"

협박한다

"한 번만 더 저 전기 스탠드에 손을 댔다가는 맞을 줄 알아."

"지금 당장 그 껌 뱉지 않으면 입을 벌려서 꺼낼 거야."

"셋 셀 때까지 옷 다 안 입으면 너 혼자 두고 피자 먹으러 갈 거니
까 알아서 해."

내가 아이의 입장이라면? _____

_____

_____

아이의 느낌: "엄마가 안 볼 때 스탠드 만져야지."

"울고 싶어."

"무서워."

"나 좀 내버려둬요."

명령한다

"지금 당장 네 방 깨끗이 치워놔."

"이 짐 좀 나르게 도와줘, 빨리!"

"아직도 쓰레기 안 버렸어? 뭘 꾸물거리고 있는 거야? 어서!"

내가 아이의 입장이라면? _____

_____

_____

아이의 느낌: "어디 한번 해보세요. 내가 치우나."

"절대 꼼짝두 하지 않을 거야."

"나야 원래 문제만 일으키는 아이인 걸."

"내가 뭘 하든 사사건건 간섭이지."

훈계한다

"엄마가 읽고 있는 책을 왜 가져가는 거니? 그건 정말 무례한 행동이야. 예의범절이 얼마나 중요한지 모르는구나. 너도 누가 네 물건을 잡아채 가면 좋겠어? 그러니까 다른 사람의 물건을 함부로 빼앗아 가면 안 되는 거야. 다른 애들이 너한테 하지 말았으면 하는 행동은 너도 하지 말아야지."

내가 아이의 입장이라면? _____

아이의 느낌: "또 잔소리 시작이네. 누가 듣기나 한대요?"

"난 멍청이야."

"난 쓸모없는 사람이야."

"멀리 도망치고 싶어."

"지겨워. 지겨워. 저 잔소리 정말 끔찍해."

경고한다

"조심해. 그러다 뜨거운 물에 데겠어."

"조심해. 차에 치이겠어!"

"식탁 위에는 올라가지 마! 떨어지고 싶어?"

"스웨터 입어. 안 그러면 감기 걸려."

내가 아이의 입장이라면? _____

_____

아이의 느낌: "세상은 무섭고 위험해."

"나 혼자서는 아무것도 못 할 것 같아. 내가 하는 건 항상 엉망진창이니까."

피해자처럼 행동한다

"제발 조용히 좀 해. 네가 소리를 칠 때마다 엄마 심장이 떨어지는 것 같아."

"나중에 너희도 자식을 키워봐. 그러면 얼마나 골치가 아픈지 알 거야."

"이 흰머리가 다 너 때문이야. 너 때문에 내가 못 살겠다, 못 살겠어."

내가 아이의 입장이라면? _____

_____

_____

아이의 느낌: "다 내 잘못이야."

"엄마가 아프면 내 탓이야."

"내가 알게 뭐람?"

다른 사람과 비교한다

"넌 왜 네 형처럼 못하니? 네 형은 항상 할 일을 미리미리 해놓는데."

"리사는 식사 예절이 아주 훌륭하더라. 걔가 손가락으로 음식을 집어 먹는 걸 본 적이 없어."

"너도 언니처럼 깔끔하게 입고 다니면 안 되니? 언니는 머리도 단

아이 문제의 99%는 부모의 말에서 시작된다

정하고, 치마도 구김이 하나도 없잖니. 너는 왜 그 모양이니?”

내가 아이의 입장이라면? _____

_____

_____

아이의 느낌: "엄마는 나만 미워해.”

“리사가 미워.”

“나는 제대로 하는 게 하나도 없어.”

“또 언니랑 비교하네. 짜증나.”

빈정거린다

“내일이 시험인 걸 알면서 학교에 책을 놔두고 왔다고? 아이고, 똑
똑도 해라! 우등생이 따로 없네.”

“옷 입는 거 봐라? 물방울무늬에 줄무늬라니? 정말 환상적인 선택
이다.”

“이걸 숙제라고 한 거니? 아이고, 선생님이 이런 글씨를 알아보시
다니, 정말 훌륭하신 분이구나. 엄마는 도대체 한 글자로 알아볼
수가 없는데.”

내가 아이의 입장이라면? _____

_____

아이의 느낌:"놀림 받는 건 정말 싫어. 엄마 나빠."

　"창피해."

　"내가 노력한다고 뭐가 달라지겠어."

　"이젠 아무것도 하지 않을 거야."

　"난 뭘 하든 잘하는 게 없어."

　"진짜 화가 난다, 화가 나."

예언한다

"90점 맞았다는 건 거짓말이지? 이렇게 거짓말을 밥 먹듯이 하면 앞으로 네 말은 아무도 안 믿어줄 거야."

"계속 그렇게 제멋대로 굴어봐. 그러다간 아무도 너랑 놀고 싶어 하지 않을 걸. 친구가 한 명도 없을 거야."

"넌 항상 불평만 하더라. 한 번이라도 스스로 해보려고 노력한 적이 없어. 앞으로 10년 후의 네 모습이 눈에 선하다. 그때도 똑같이 불평만 늘어놓고 있겠지."

내가 아이의 입장이라면? ＿＿＿＿＿＿＿＿＿＿＿＿

＿＿＿＿＿＿＿＿＿＿＿＿＿＿＿＿＿＿＿＿＿＿＿＿＿

＿＿＿＿＿＿＿＿＿＿＿＿＿＿＿＿＿＿＿＿＿＿＿＿＿

아이 문제의 99%는 부모의 말에서 시작된다

아이의 느낌:"엄마 말이 맞아. 나는 아무것도 안 될 거야."

"내 말이 맞고 엄마 틀렸다는 걸 보여주고 말 거야."

"해봐야 소용없어."

"그냥 다 포기해버리고 말래."

"난 망했어."

어른인 우리가 단지 글로 읽는 것만으로도 이런 감정들을 느낀다면 아이들은 어떻게 느낄까? 이렇게 아이의 자존심이나 기분을 상하게 하지 않고 아이들에게 긍정적인 반응을 끌어낼 방법이 없을까?

다음은 부모 모임에 참석한 부모들이 아이들에게 긍정적 반응을 끌어내는 데 도움이 되었던 다섯 가지 방법이다. 이 다섯 가지 방법이 모든 아이들에게 다 효과가 있는 것도 아니고, 모든 상황에서 이 방법을 사용할 수 있는 것도 아니다. 하지만 부모들이 이 다섯 가지 방법을 마음에 새기면서 아이들은 대한다면, 아이들에게서 이전과는 다른 반응을 얻는 데 도움이 될 것이다.

아이에게 긍정적인 변화를 이끌어내는 방법

- 아이에게 상황을 이야기해주거나 문제를 설명한다.

- 도움이 되는 정보를 알려준다.

- 짧은 한마디로 이야기한다.

- 부모의 감정을 솔직하게 말해준다.

- 쪽지로 마음을 전한다

문제점을 지적당하면 해야 할 일을 하기가 힘들어진다. 반면에 상황을 설명을 해주면 아이가 더 쉽게 문제에 집중할 수 있다.

◆ 상황을 이야기해주거나 문제를 설명한다 ◆

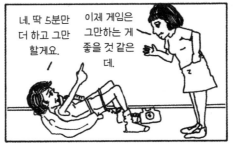

부모가 문제가 무엇인지 이야기해주면 아이는 스스로 무엇을 해야 할지 찾을 수 있는 기회를 갖게 된다.

◆ 정보를 알려준다 ◆

누가 우유를 마시고 그대로 식탁 위에 둔 거니?

얘들아. 우유는 냉장고에 넣어두지 않으면 금세 상해.

방 꼴이 이게 뭐야. 침대 위에 사과 껍질을 좀 봐. 돼지우리가 따로 없네!

사과 껍질은 쓰레기통에 넣어야지.

비난하거나 야단을 치는 것보다 정보를 알려주면 아이는 자신의 잘못을 더 잘 받아들이게 된다.

◆ 정보를 알려준다 ◆

한 번만 더 벽에 낙서하다 걸리면 혼날 줄 알아!

벽은 글씨를 쓰는 데가 아니란다. 글씨는 종이에 쓰는 거야.

엄마가 이렇게 바쁜데 너는 도와줄 생각 같은 건 하지도 않지?

엄마가 지금 바빠서 그런데, 저녁상 차리는 것을 좀 도와주면 정말 고마울 것 같아.

빈정거리는 것보다 상황을 설명해주면 아이는 자신이 무엇을 해야 하는지 스스로 판단할 수 있다.

◆ 한 단어로 설명해준다 ◆

구구절절 설명을 하는 것보다는 짧은 말 한마디가 아이의 행동에 변화를 가져오는 데 훨씬 효과적이다.

♦ 한 단어로 설명해준다 ♦

아이들은 설교나 훈계도, 장황한 설명도 듣기 싫어한다. 아이들에겐 짧은 말로 상기시켜줄수록 좋다.

◆ 부모가 느끼는 감정을 솔직하게 이야기해준다 ◆

부모가 아이에게 자신의 솔직한 감정을 이야기해주면 아이에게 상처를 주지 않고도 아이의 행동을 올바르게 이끌 수 있다.

◆ 부모가 느끼는 감정을 솔직하게 이야기해준다 ◆

부모들이 자신의 감정을 이야기할 때는 "나는"이나 "지금 내 감정은 …"과 같은 표현을 이용해서
이야기하는 것이 좋다.

때로는 말보다 글이 효과적일 때가 있다. 위의 그림은 세면대 배수관에서 딸의 긴 머리카락을 청소하는 데 지친 아빠가 남긴 쪽지이고, 아래는 직장에 다니는 엄마가 텔레비전에 붙여놓은 것이다.

♦ 쪽지로 상황이나 솔직한 마음을 전한다 ♦

부모가 침실 문에 걸어두었던 메모다. 위의 메모 덕분에 피곤한 두 부모는 일요일 아침에 1시간을 더 잘 수 있었다. 그리고 아이들이 방에 들어와도 될 때는 아래의 그림과 같이 메모를 뒤집어 놓았다.

아들과 아들 친구에게 종이비행기에 글을 써서 날린 엄마의 사례다. 둘 다 글을 못 읽어서 쪼르르 달려와서 무슨 말이냐고 물었고, 쪽지의 내용을 알고는 달려가서 장난감을 치웠다고 한다.

아이에게 긍정적 반응을 이끌어내는 다섯 가지 방법

지금까지 아이의 기분을 상하게 하지 않고 아이 스스로 자신의 행동에 변화를 가져올 수 있는 다섯 가지 방법에 대해 알아보았다. 이제 다음의 상황에서 지금까지 아이에게 어떤 말을 해왔는지 생각해보자. 그리고 앞에서 배운 다섯 가지 방법을 이용해 각각의 상황에서 아이에게 어떤 말을 해줄 수 있는지 적어보고 어떤 방법이 가장 효과가 있을지 생각해보자.

상황 1

방에 들어갔다가 막 목욕을 마친 아이가 침대에 던져둔 젖은 수건을 보았다.

일상적으로 아이에게 했던 말

_____

_____

_____

같은 상황에서 앞의 방법을 이용하여 아이의 행동을 바꾸는 말들

설명하기: _____

_____

정보 알려주기: _____

한 단어로 말하기: _____

당신의 감정 얘기하기: _____

쪽지를 이용하기: _____

선물을 포장하려고 하는데 가위가 항상 두던 자리에 없다. 아이가 계속 가위를 사용하고 제자리에 두지 않은 것이다.

일상적으로 아이에게 했던 말

_____

_____

같은 상황에서 앞의 방법을 이용하여 아이의 행동을 바꾸는 말들
설명하기: _____

정보 알려주기: _____

한 단어로 말하기: _____

당신의 감정 얘기하기 _____

쪽지를 이용하기: _____

상황 3

아이가 항상 운동화를 현관에 제멋대로 벗어둔다.

일상적으로 아이에게 했던 말

_____

같은 상황에서 앞의 방법을 이용하여 아이의 행동을 바꾸는 말들

설명하기: _____

정보 알려주기: _____

한 단어로 말하기: _____

당신의 감정 얘기하기: _____

쪽지를 이용하기: _____

_____

방금 아이가 젖은 비옷을 그대로 옷장에 걸어두었다.

일상적으로 아이에게 했던 말

_____

_____

같은 상황에서 앞의 방법을 이용하여 아이의 행동을 바꾸는 말들

설명하기: _____

_____

정보 알려주기: _____

_____

한 단어로 말하기: _____

_____

당신의 감정 얘기하기: _____

_____

쪽지를 이용하기: _____

_____

아이 문제의 99%는 부모의 말에서 시작된다

아이가 요즘에 이를 잘 안 닦는다는 걸 알게 되었다.

일상적으로 아이에게 했던 말

_____

_____

같은 상황에서 앞의 방법을 이용하여 아이의 행동을 바꾸는 말들

설명하기: _____

_____

정보 알려주기: _____

_____

한 단어로 말하기: _____

_____

당신의 감정 얘기하기: _____

_____

쪽지를 이용하기: _____

_____

내가 이 방법을 처음 사용했을 때가 아직도 생생하게 기억난다. 하루는 회의를 마치고 집에 들어오다가 딸아이가 아무렇게나 벗어서 던져놓은 스케이트에 걸려 넘어지고 말았다. 나는 다정한 말투로 "스

케이트는 신발장에 넣어두어야지"라고 말했다. 하지만 딸아이는 나를 멀뚱멀뚱 올려다보다가 다시 읽던 책으로 시선을 돌렸다. 나는 화가 나서 아이를 혼내주었다. 이 일로 나는 두 가지 사실을 깨달았다.

첫 번째는 나의 감정을 솔직하게 아이에게 표현해야 한다는 것이다. 화가 난 것을 참다 보면 솔직한 의사소통을 하지 못할 뿐만 아니라 참고 참다가 결국 나중에 감정을 폭발하게 된다. 나의 감정을 감추고 너무 다정하게 아이에게 이야기하려 노력하기보다는 차라리 "스케이트는 바로 신발장에 넣어둬야지!"라고 소리쳤다면 더 도움이 되었을 것이다. 그랬다면 딸은 꾸물대지 않고 바로 움직였을 테니까.

두 번째는 새로운 방법을 시도했다가 효과가 없었다고 해서 바로 과거의 방식으로 돌아가서는 안 된다는 것이다. 나에겐 마음대로 활용할 수 있는 한 가지 이상의 기술이 있다. 이 기술들은 서로 조합해서 사용할 수도 있고, 필요하면 강도를 조금 더 높일 수도 있다. 예를 들어 아이가 젖은 수건을 침대 위에 올려놓았다면 아이에게 다음과 같이 조용하게 사실을 알려줄 수 있다.

"저 수건 때문에 엄마 이불이 축축해지고 있네."

"젖은 수건은 욕실에 둬야 해."

아이가 다른 데 정신이 팔려서 말을 듣지 않는다면 조금 더 목소리를 높여 "얘야, 수건!"이라고 말할 수도 있다.

그래도 아이가 꼼짝도 하지 않는다면 더 목소리를 높일 수 있다.

"엄마는 밤새 차갑고 축축한 침대에서 자기 싫어!"

큰소리를 내고 싶지 않다면 다음과 같이 쪽지로 아이에게 하고 싶은 말을 적어서 주는 것도 좋은 방법이다.

"네가 침대에 던져둔 젖은 수건 때문에 너무 화가 났어!"

심지어 너무 화가 난 나머지 딸에게 이렇게 말하는 것을 생각해볼 수도 있다. "난 무시당하는 거 싫어. 내가 그 젖은 수건을 치울 테니 넌 화난 엄마를 상대하도록 해!" 이처럼 그 순간의 기분에 어울릴 메시지를 전달할 수 있는 방법은 다양하다.

이제 지금까지 배운 다섯 가지 방법을 실제 상황에 적용해보자. 앞에서 적었던 아이에게 '일상적으로 하라고 하는 것들'과 '하지 말라고 하는 것들'의 목록을 다시 한번 보자. 아이에게 '일상적으로 하라고 하는 것들' 중에서 다섯 가지 방법을 사용하면 좋을 만한 것이 무엇인지 생각해보자. 1장에서 살펴본 아이의 부정적 감정을 받아들이는 방법도 문제의 상황을 부드럽게 만드는 데 도움이 될 수 있다. 잠시 생각해본 후에 이번 주에 시도해볼 수 있는 방법들을 적어보자.

문제점	활용할 수 있는 방법

"배운 방법을 사용했는데도 아이의 행동에 변화가 없으면 어떻게 하지?"라며 걱정하는 부모들도 있을 것이다. 다음 장에서는 아이와 함께 문제를 해결하고 벌을 주거나 혼내지 않고도 아이의 행동에 변화를 가져올 수 있는 또 다른 방법을 살펴볼 것이다. 다음 장의 내용을 살펴보면 이번 장에서 배운 것들을 적용하는 데 도움이 될 수 있을 것이다.

• 벌어지는 상황을 설명하거나 문제점을 설명한다.
"침대에 젖은 수건이 있네."

• 정보를 알려준다.
"수건이 엄마 이불을 축축히 적시고 있어."

• 한 단어로 해야 할 일을 일깨워준다.
"수건!"

• 부모가 느끼는 감정을 솔직하게 이야기해준다.
"난 축축히 젖은 침대에서 자고 싶지 않아."

• 그래도 아이의 행동에 변화가 없으면 쪽지를 이용한다.
(수건걸이 위쪽에 붙여둔 메모)
제발 내가 마를 수 있게 제자리에 가져다줘.
고마워!

-너의 수건이

1. 아이에게 늘 하던 말이지만 아이의 잘못된 행동을 바꾸는 데 도움이 되지 않은 말 중에서 오늘 하지 않은 말 (때로는 말을 하지 않는 것이 말을 하는 것 못지않게 도움이 되기도 한다.)

상황 : _____

내가 하지 않은 말 : _____

_____

2. 이번 주에 내가 사용해본 새로운 기술 두 가지

상황 1: _____

사용한 기술 : _____

_____

아이의 반응 : _____

_____

나의 반응 : _____

_____

상황 2: _____

사용한 기술 : _____

_____

아이 문제의 99%는 부모의 말에서 시작된다

아이의 반응 : _____

_____

나의 반응 : _____

_____

3 내가 아이에게 보낸 쪽지:

_____

_____

CHAP
2

잔소리 없이 아이의 변화를 이끌어내는
부모의 말

내가 만난 많은 부모들은 하루하루 아이와 씨름하지 않고 행복하게 보내는 것을 목표로 하고 있었지만, 그들의 마음속 깊은 곳에는 다음과 같은 불안감이 자리 잡고 있었다. '내가 키우는 이 애는 대체 어떤 아이일까? 내가 어쩌다 책임감도 없고, 동생을 때리고, 거짓말을 하고, 어질러놓기만 하고 치우지 않고, 징징거리며 말을 안 듣는 이 작은 괴물을 낳았을까? 아기 때는 그렇게도 사랑스럽고 귀여웠는데! 내가 뭘 잘못했을까?'

이런 불안감 때문에 아이에게 더욱 심하게 잔소리를 하고 꾸지람을 하지만 그럴수록 아이의 행동은 더욱 어긋나기 마련이다. 하지만 이 장에서 살펴본 방법을 배운 부모들은 아이들이 사회적 규범이나 예의범절에 따라 행동해야 한다는 개념에서 벗어나서 더욱 창의적인 방법으로 아이들의 행동에 변화를 가져오기 시작했다. 다양한 사례를 통해 많은 부모들이 얼마나 창의적으로 여기서 배운 방법들을 적용했는지 살펴보자.

"네가…"라고 말하지 말고 상황을 이야기해주기

아이에게 차근차근 상황이나 문제점을 설명해주면 지적질과 꾸지람이 없어지고 모두가 해야 할 일에 더 잘 집중하게 된다.

"우유가 엎질러졌네. 걸레가 있어야겠다."
"병이 깨졌네. 빗자루를 가져와야겠다."
"잠옷이 찢어졌잖아. 바늘이랑 실이 필요하겠다."

위의 문장을 '네가'라는 말을 넣어 시작해보자. 가령 "네가 우유를 엎질렀구나", "네가 병을 깼구나", "네가 잠옷을 찢었구나"라고 말했을 때와 위의 문장과의 차이점이 느껴지는가? '네가'라는 말로 시작하는 문장의 경우 나무라고 꾸짖는 것처럼 느껴져 아이는 방어적 태도를 취하게 된다. 반면 '네가 … 했구나'라고 말하지 않고 상황이나 문제를 해결할 방법을 알려주면 아이는 선뜻 문제점이 무엇인지를 깨닫고 그에 대처하게 된다.

어느 날 방에서 놀던 두 아들이 저녁을 먹으러 나왔는데, 온몸에 수채화 물감으로 뒤집어쓰고 있었어요. 그 모습을 보고 머리끝까지 화가 났지만 고함을 지르지 않으려 마음을 다잡았어요. 그리고 아이에게 화를 내기보다는 첫 번째 방법을 사용해서 상황을 알려주기로 했어요. 그래서 다음과 같이 말해주었죠.

엄마: 우리 두 아들의 손과 얼굴에 녹색 물감이 잔뜩 묻어 있네!

그 말에 두 녀석이 서로를 쳐다보고는 씻으러 욕실로 뛰어갔어요. 몇 분 후에 욕실로 가봤다가 또 한 번 소리를 지를 뻔했어요. 욕실 타일이 물감 범벅이었거든요! 하지만 이번에도 화를 내기보다는 다시 첫 번째 방법을 사용하기로 했어요.

엄마: 욕실 벽에 녹색 물감이 묻어 있네!

내 말을 들은 큰아이가 "구조대 출동!"이라고 말하며 뛰어가 걸레를 가져왔어요. 5분 후에 아이가 다시 와서 보라며 나를 불렀어요.

엄마: 우와! 어떤 친절한 사람이 욕실 벽의 녹색 물감을 싹 다 닦아줬네.

큰 아이는 방실방실 웃었어요. 그러자 이번에는 작은 아이가 불쑥 "이번엔 내가 세면대를 청소할게요!"라고 하는 거예요. 직접 보지 않았다면 절대 믿지 못할 장면이었어요.

| 주의할 점 |

이 방법을 사용할 때는 아이가 짜증을 낼 수도 있다. 한 아버지가 들려준 이야기다. 어느 추운 날 문 앞에 서 있다가 막 집에 돌아온 아들에게 "문이 열려 있네"라고 말했다. 그 말에 아들은 "그럼 아빠가 닫으면 안 돼요?"라며 반발했다. 아마도 아들은 아빠의 말을 "지금 나는 네가 바른 행동을 하게 하려고 이러는 거야. 넌지시 알려주는 거라고"라며 자신의 행동을 지적하는 것으로 받아들여서 그에 대해 반발했을 것이다. 상황을 설명해주는 말이 가장 효과를 발휘할 때는 아이가 진짜로 도움이 필요하다고 느낄 때라는 사실을 기억해둘 필요가 있다.

"아직도 그걸 몰라?"라는 비난 대신 도움이 되는 정보를 알려주기

아이에게 정보를 주는 방법은 어떤 의미에서 볼 때 부모가 아이에게 평생 써먹을 수 있는 선물을 주는 셈이다. 아이는 평생을 살아가면서 '우유는 냉장 보관하지 않으면 상한다', '베인 상처는 깨끗하게 관리해야 한다', '과일은 씻어서 먹어야 한다', '쿠키 상자를 열어 두면 쿠키가 딱딱해진다'는 등의 사실을 알고 있어야 한다. 아이에게 정보를 알려주는 것은 그리 어려운 일이 아니다. 어려운 부분은 따로 있다.

많은 부모가 이 방법을 사용하며 아이가 알려주는 정보에 따라 행동하지 않을 경우 아이를 비난하거나 아이에게 모욕을 주지 않고 참는 것이 무엇보다 어렵다고 말했다. 실제로 "더러운 옷은 빨래 바구니에 넣어야 해. 아직도 그걸 몰라, 응?"이라고 비난하거나 책망하듯이 말하지 않기 위해서는 상당한 인내심이 필요하다는 것이다.

하지만 아이에게 정보를 알려주면 아이들은 부모가 자신을 믿고 있다고 느낀다. 다시 말해 "엄마 아빠는 나를 믿어주는 거야. 일단 내가 그 사실을 알면 책임감 있게 행동할 거라고 믿고 있어"라는 생각을 심어주면서 아이와의 관계에서 신뢰가 형성될 수 있다.

사례

걸스카우트 모임에 갔다 온 모니크가 계속 유니폼을 입은 채로 마당에서 놀고 있었어요. 나는 아이에게 평상복으로 갈아입으라고 서너 번이나 소리를 쳤죠. 그때마다 딸은 "왜요?"라고 되물었어요.

나는 그 말에 "유니폼이 찢어질까 봐 그러지. 평상복은 마당에서 놀 때 입는 옷이고, 유니폼은 걸스카우트 모임에 입고 가는 옷이야"라고 대답해줬어요. 그러자 놀랍게도 딸아이가 놀이를 멈추고 바로 옷을 갈아입으러 가지 뭐예요.

아이 문제의 99%는 부모의 말에서 시작된다

사례

세 살배기 제시카가 세발자전거를 타고서는 자전거를 타고 찻길을 달리는 열 살짜리 오빠의 뒤를 따라서 내리막길을 달리고 있는 걸 봤어요. 다행히도 차는 없었어요. 나는 얼른 달려가서 제시카를 멈춰 세우고는 분명하게 말을 해주었어요. "제시카, 두 바퀴 자전거는 도로를 달릴 수 있어. 하지만 세발자전거는 인도로 다니는 거야." 그러자 제시카는 세발자전거에서 내려 진지한 얼굴로 바퀴 수를 세더니 자신의 세발자전거를 인도로 올려놓고는 다시 자전거를 타더군요.

| 주의할 점 |

아이에게 정보를 알려줄 때는 아이의 나이를 고려하여 그 나이에 걸맞는 정보를 주어야 한다. 그렇지 않고 아이의 수준에 비해 너무 쉬운 정보를 알려주면 오히려 역효과를 가져올 수도 있다. 예를 들어, 열 살짜리 아이에게 "우유는 냉장고에 넣어두지 않으면 상해" 같은 말을 해주면 아이는 자신을 멍청이로 생각하거나, 빈정거리는 것으로 생각할 수 있다.

"엄마의 인내심이 콩알만 해졌어"라는 말이 가져온 놀라운 변화

수많은 부모들이 이 방법을 사용하면서 시간과 에너지를 절약할 수 있고 재미없는 설명도 필요가 없어졌다며 고맙다는 인사를 했다. 나와 상담했던 십대들도 역시 엄마나 아빠가 길게 잔소리를 늘어놓는 것보다는 "문", "강아지", "접시"와 같이 한 단어로 말하면 일상적인 잔소리에서 해방되어 반갑다고 대답했다.

또한 한 단어로 말하는 것은 아이에게 억압적 명령을 내리는 대신 아이 스스로 무엇을 해야 할지 생각해서 행동할 수 있는 기회를 준다는 데 의미가 있다. 아이는 "강아지"라는 말을 들으면 "강아지가 어떻다는 거지? 아, 맞다. 오후 산책을 아직 안 시켜줬지. 지금 데리고 나가는 게 좋겠다"라며 스스로 생각을 하게 된다.

| 주의할 점 |

한마디만 한다고 해서 아이의 이름을 한 단어로 부르는 것은 피해야 한다. 하루에도 수 차례씩 비난조로 자신의 이름을 부르는 것을 들으면 아이는 자기 이름을 비난과 연결지어 생각하기 시작하고, 경우에 따라서는 엄마가 이름만 불러도 주눅이 들거나 반발심이 생기기도 한다.

엄마의 목에 걸린 팻말을 보고
스스로 바뀌기 시작한 아이들

대다수 부모들은 자신의 솔직한 감정을 아이에게 알려주는 것이 도움이 될 수 있을 뿐만 아니라 아이들 앞에서 계속 참기만 하지 않아도 된다는 사실에 안도감을 느낀다. 아이들은 부모들이 생각하는 것만큼 나약하지 않아서 다음과 같은 말을 들어도 감당할 수 있다.

"엄마가 지금은 해야 할 일들이 많아서 네 숙제를 봐줄 수가 없단다. 저녁을 먹은 후에는 시간이 있으니 그때 자세히 봐줄게."
"지금은 엄마가 조금 지치고 힘들어서 잠깐 혼자 있었으면 좋겠는데, 엄마한테 잠깐 시간을 좀 줄 수 있을까?"

아이에게 자신의 솔직한 감정을 이야기하는 것이 상처가 되지는 않을지 걱정하는 부모들도 있다. 또 한편으로는 "네가 그렇게 행동해서 정말 속상해"라고 말했다가 아이가 "그건 엄마 사정이죠"라고 냉소적으로 대꾸하지는 않을지 걱정하는 부모들도 있다.

하지만 자신의 감정을 존중받는 아이들은 부모의 감정 또한 존중하게 된다. 물론 "그래서요, 누가 관심 있대요?"라며 반항하는 과도기를 거칠 수도 있다. 그런 말을 듣게 되면 아이에게 다음과 같은 말로 부모의 진심을 전해줄 필요가 있다. "난 내 감정에 관심이 있어. 그리고 너의 감정에도 관심이 있고. 그리고 또 우리 모두가 서로의 감정에 관심을 갖는 가족이 되면 좋겠어!"

사례
어린아이 둘을 키우는 싱글맘인 한 엄마는 아이들을 참아주지 못

할 때가 많아서 스스로에게 짜증이 나곤 했다고 한다. 그러다 마침내 자신의 감정을 더 인정하면서 아이들에게 그 감정을 알려주자고 마음먹게 되었다.

그때부터 엄마는 이렇게 말하기 시작했다.

"지금 엄마의 인내심은 이 수박만 해."

그래도 아이들의 행동이 바뀌지 않으면 "음, 이제는 인내심이 자몽만 해졌네"라고 말했다. 더 지나서도 여전히 못 참을 지경이면 이번엔 이렇게 말했다. "이제는 인내심이 콩알만 해졌어. 인내심이 쪼그라들기 전에 우리 이쯤에서 그만해야 할 것 같은데."

그러자 아이들이 점차 엄마의 말을 진지하게 받아들이게 되었고, 어느 날 저녁에는 "엄마, 지금은 엄마 인내심이 얼마만 해요? 오늘밤에 이야기책 읽어줄 수 있어요?"라고 물었다고 한다.

| 주의할 점 |

부모의 비난에 아주 예민하게 반응하는 아이들도 있다. 이런 아이의 경우에는 부모가 "나 화났어" 혹은 "네 행동 때문에 엄마가 아주 많이 화가 났어"와 같이 강한 감정을 표현하는 것을 견디지 못하고 "나도 엄마 때문에 화났어요"라며 반발하기도 한다. 이런 아이에게는 부모의 기대치를 말해주는 것이 가장 좋은 방법이다. 예를 들어 "네가 고양이를 괴롭혀서 너한테 화났어"라고 말하는 대신 "나는 네가 동물들을 잘 돌봐주었으면 좋겠어"라고 말하는 편이 더 도움이 된다.

간편하고 효과적인 쪽지 소통법

아이들은 글을 읽을 수 있든 없든 상관없이 대부분 부모에게 쪽지를 받는 것을 아주 좋아한다. 부모에게 쪽지를 받고는 신이 나서 글이나 그림으로 답장을 보내기도 한다.

나이가 좀 있는 아이들도 쪽지를 받는 것을 좋아한다. 우리와 상담했던 십대들도 부모에게 쪽지를 받으면 마치 친구에게 편지를 받은 것처럼 기분이 좋아졌다고 대답했다. 부모가 일부러 시간을 내서 애써 글을 써 보낼 정도로 관심을 가져준 것에 감동하며 고마워하기도 한다. 어떤 아이는 쪽지를 받아서 가장 좋은 점은 부모로부터 잔소리를 듣지 않아도 되는 것이라고 답하기도 했다. 부모들 역시 아이와 빠르고 간편하게 소통을 할 수 있다는 점에서 쪽지를 사용하는 것을 좋아한다.

사례

모임에서 만난 한 엄마는 커피 머그잔에 펜을 여러 자루 꽂아서 메모장과 함께 주방 조리대에 놓아둔다고 했다. 일주일에 몇 번은 아이들에게 똑같은 잔소리를 하고 또 하다가 결국 아이들을 방 밖으로 쫓아내거나 자신이 아이들을 포기하고 집안일이나 하자는 마음이 들 때를 대비한 것이다.

그런 순간엔 입을 떼는 것보다 펜을 집어 드는 것이 덜 피곤하다고 한다. 다음은 이 엄마가 아이들에게 쓴 쪽지들이다.

빌리에게,

난 오늘 아침 이후로 밖에 못 나갔어.
나도 휴식 시간을 좀 갖게 해줘.

-너의 개, 해리가

수잔에게,

거실과 주방에 있는 다음의 물건들을 좀 정리해주면 어떨까?
그러면 가족들이 모두 좋아할 거야.
1. 스토브 위의 책들
2. 문간의 장화
3. 바닥의 재킷
4. 식탁 위의 쿠키 부스러기
미리 고마워.

-엄마가

아이 문제의 99%는 부모의 말에서 시작된다

알림:

오늘밤의 스토리 타임은 오후 7시 30분임.

잠옷을 입고 이를 닦은

모든 아이들을 초대함.

-사랑하는 엄마와 아빠가

사례

글을 못 읽는 아이들이 부모가 써 보낸 메모를 어찌어찌 '읽은' 신통한 사례들도 끊임없이 듣고 있다. 다음은 어느 젊은 워킹 맘의 실제 사례다.

내가 가장 바쁜 시간은 퇴근을 하고 집에 돌아와서 저녁 준비를 하는 20분이에요. 그동안 아이들은 집 안을 뛰어다니고 냉장고를 열었다 닫았다 하며 간식으로 배를 채워요. 그리고 저녁을 다 준비하고 나면 밥을 먹지 않겠다고 하죠. 그래서 지난 금요일 밤에는 크레용으로 메모를 써서 문에 붙여뒀어요.

저녁 식사 전까지 주방 문은 닫습니다.

네 살인 아들은 쪽지에 뭐라고 적혀 있는지 알고 싶어 했어요. 나는 한 글자 한 글자를 천천히 짚어가며 의미를 설명해주었어요. 그러자 아들은 그 쪽지의 내용을 존중하면서 주방으로는 오지도 않고 내가 식탁에 앉으라고 할 때까지 거실에서 동생과 놀더라고요.

다음 날 저녁에 그 메모를 다시 붙여놓고 햄버거를 만들고 있는데 두 살배기 여동생에게 그 단어들의 뜻을 가르치는 소리가 들렸어요. 잠시 후에 봤더니 딸이 단어를 하나씩 짚어가며 그 메모를 '읽고' 있었어요. "저녁 식사 … 전까지 … 주방 … 문은 … 닫습니다."

사례

쪽지를 가장 인상적으로 사용한 한 엄마의 사례를 살펴보자.

갑자기 우리 집에 20명 넘는 사람들이 모여서 회의를 하게 되었어요. 시간에 맞춰 만반의 준비를 해놓으려는 마음에 신경이 곤두서서 일찍 퇴근을 했죠.

집에 와서 집 안을 둘러본 순간 심장이 내려앉았어요. 난장판이 따로 없더군요. 여기저기에 신문, 우편물, 책, 잡지가 쌓여 있고 욕실은 지저분한데다 침대들은 정리도 되어 있지 않았어요. 다 정리를 하려면 2시간이 좀 넘게 걸릴 것 같아 마음이 급해지기 시작했어요. 아이들이 집에 돌아올 시간인데 아이들이 부탁하는 것을 들어줄 시간이나 아이들의 싸움을 말릴 여력도 없겠다 싶었어요.

하지만 아이들에게 구구절절 설명을 하고 싶지는 않았어요. 그래

아이 문제의 99%는 부모의 말에서 시작된다

서 메모를 써놓기로 마음먹었지만 집 안 어디에도 메모를 붙여둘 만큼 정돈된 공간이 없었어요. 그래서 마분지 조각에 다음과 같이 쓴 다음 구멍 두 개를 뚫고 줄을 끼워 내 목에 걸었어요.

인간 시한폭탄
짜증나거나 화나게 하면
폭발함!!!!
곧 손님들이 오기로 되어 있어
긴급히 도움이 필요함!

그런 후 부리나케 집안 정리에 들어갔어요. 집에 돌아온 아이들은 내 목에 걸린 팻말을 읽더니 자청하고 나서서 책과 장난감을 치웠어요. 잠시 후엔 내가 말 한마디 하지 않았는데도 아이들이 자기들 침대뿐만 아니라 안방 침대까지 정리했어요! 정말 보고도 믿을 수가 없었어요.

이처럼 쪽지를 적절하게 사용하면 과연 아이들이 호응을 해줄지 의문이 들 수도 있다. 하지만 나는 아이들이 이런 방법에 마치 기계처럼 반응을 보이지 않는 것이 당연하다고 생각한다. 아이들은 로봇이 아니다. 게다가 우리의 목적은 아이들이 언제나 호응하도록 행동을 조종하는 것도 아니다.

우리의 목적은 아이들이 가진 최대 장점, 즉 인지력, 책임감, 유머 감각, 다른 사람에 대한 공감 능력 등을 길러주기 위해 아이들의 내면에 말을 거는 것이다. 그러기 위해서는 아이의 마음에 상처를 입히는 말이 아니라 자존심을 살려주고 아이를 존중해주는 언어를 사용해야 한다.

이런 언어를 사용하여 부모와 대화하는 아이들은 청소년기가 지나고 성인이 되어서도 주변 사람들과 서로를 존중하며 소통을 이어나갈 수 있게 될 것이다.

아이 문제의 99%는 부모의 말에서 시작된다

부모들이 꼭 알아야 할
긍정의 말하기 Q&A

Q 아이의 변화, 정말 부모의 '말'만으로 될까요?

부모가 혐오스러운 표정을 짓거나 경멸스러운 말투로 이야기하는 것과 마찬가지로 사소한 말 한마디가 아이에게 깊은 상처를 줄 수 있습니다. 아이는 '모자란', '촐랑거리는', '무책임한', '뭐 하나도 배울 줄 모르는' 같은 말들에도 쉽게 상처를 받습니다. 어떤 말들은 오래오래 아이에게 깊은 상처로 남는다는 걸 잊어서는 안 됩니다. 최악의 경우엔 아이가 그 이후에 이런 말들을 끌어내 스스로를 공격하기도 합니다.

물론 '무엇을 말하느냐'만큼 '어떻게 말하느냐'도 중요합니다. 말을 하는 태도도 말 자체만큼 중요하니까요. 아이가 잘 자라려면 부모의 태도에서 '너는 본래 사랑스럽고 재능 있는 아이야. 지금은 주의가 필요한 문제점이 있지만 네가 일단 그 문제점을 의식하면 책임감 있게 행동하게 될 거야'라는 메시지를 전해주어야 합니다.

반면에 부모의 태도에 '너는 본래부터가 사람을 짜증나게 하고 바보 같은 애야. 항상 뭔가 잘못을 저지르지. 이번 사건만 해도 그렇잖아'라는 메시지가 담겨 있다면 아이들은 좌절하게 됩니다.

Q 아이가 무언가를 해주길 바랄 때 '… 좀 해줘'라고 말하는 건 잘못된 건가요?

소소한 부탁을 할 때도 "소금 좀 건네줄래?"나 "문 좀 잡아줘"와 같이 말하면 부드러운 분위기를 만드는 데 훨씬 도움이 됩니다. 따라서 아이에게 부탁을 하면서 "… 좀 해줘"라고 말하는 데에는 아무런 문제가 없습니다.

하지만 아이가 정말로 속상해 있을 때는 온화한 표현인 "… 좀 해줘"가 문제를 일으킬 수 있어요. 다음의 대화를 볼까요?

엄마: (친절하게 대하려 애쓰며) 소파에서 뛰지 좀 말아줘.

아이: (계속해서 뛴다.)

엄마: (목청을 높이며) 뛰지 좀 말아줘!

아이: (또 뛴다.)

엄마: (갑자기 아이를 세게 찰싹 때리며) 내가 '좀 해달라고'라 부탁의 말까지 붙여 말했잖니? 그런데도 계속 이럴래?

아이 문제의 99%는 부모의 말에서 시작된다

어떻게 된 일일까요? 왜 이 엄마는 단 몇 초 사이에 친절하던 모습에서 폭력적인 모습으로 돌변했을까요? 사실 아이에게 자상한 모습을 보이려 무리하게 애를 쓰다가 무시를 당하면 순식간에 분노가 치밀어 오릅니다. 그리고는 이런 생각을 하기 마련이지요. "내가 그렇게 친절하게 대해주었더니 이 꼬맹이가 감히 나를 무시해? 본때를 보여주겠어! 찰싹!"

아이가 즉시 어떤 행동을 하기를 바랄 때는 간청하기보다 단호하게 말하는 편이 좋습니다. 큰 목소리로 엄하게 "소파 위에서는 뛰는 거 아니야!" 하고 말하면 훨씬 더 빨리 뛰는 걸 멈추게 될 거예요. 아이가 계속 뛰면 아이를 소파에서 떼어놓고는 재빨리 엄한 어조로 "소파 위에서는 뛰는 거 아니야!"라고 말해주세요.

Q 아이에게 어떤 일을 좀 해달라고 부탁하면 어떤 때는 반응을 해주고 또 어떤 때는 아무리 해도 말이 안 통하는 것 같은데 왜 이러는 걸까요?

예전에 몇몇 학생들에게 때때로 부모님의 말을 잘 안 듣는 이유가 뭔지 물어본 적이 있습니다. 그러자 학생들은 다음과 같이 대답했어요.

"학교에 갔다 집에 오면 피곤해서, 엄마가 뭘 해달라고 부탁해도 못 들은 척해요."

"가끔은 놀거나 TV를 보는 데 너무 정신이 팔려서 정말로 엄마 말을 못 들을 때도 있어요."

"때로는 학교에서 있었던 일 때문에 열이 받아서 엄마가 시키는 일을 할 기분이 아닐 때가 있어요."

이밖에도 아이들과 '말이 통하지' 않는다고 생각될 때 다음과 같은 질문을 자신에게 던져보는 것도 도움이 됩니다.

- 내 부탁이 아이의 나이와 능력에 비추어볼 때 타당한 걸까?(지금 내가 이제 겨우 여덟 살짜리에게 완벽한 식사 예절을 기대하고 있는 걸까?)
- 아이가 내 요구를 억지라고 생각하고 있을까? ("왜 우리 엄마는 자꾸만 귀찮게 귀 뒤쪽을 씻으라는 거야? 거길 누가 본다고.")
- '지금 당장' 하라고 다그칠 게 아니라 아이에게 언제 할지에 대한 선택권을 줄 수도 있지 않을까?("TV 보기 전에 목욕을 할래, 아니면 TV 보고 나서 목욕 할래?")
- 어떻게 할지에 대한 선택권을 줘도 되지 않을까? ("인형이나 장난감 보트 가지고 놀면서 목욕 할래?")
- 집에 아이가 긍정적 반응을 보일 만한 물리적 변화를 줘보면 어떨까? (아이가 스스로 방 정리를 하는 데 도움이 되도록 아이 방에 선반을 더 달아볼까?)
- 내가 아이와 보내는 순간 대부분을 '이거 해라 저거 해라' 식의 요구를 하며 보내고 있는 걸까? 아니면 그냥 함께 있는 시간을 즐길까?

아이 문제의 99%는 부모의 말에서 시작된다

Q 솔직히 고백하자면 예전의 나는 입만 열었다 하면 딸에게 이거 하면 안 된다, 저거 하면 안 된다는 식의 말만 해댔어요. 지금은 변하려고 노력하고 있는데, 딸이 애를 먹이네요. 어떻게 하면 좋을까요?

꾸지람을 많이 듣고 자란 아이는 극도로 예민할 수 있습니다. 온화한 어조로 "도시락!"이라는 말을 해줘도 '깜빡깜빡하는 버릇'을 또 나무라는 것처럼 느껴질 수도 있지요. 이런 아이는 아주 너그럽게 봐주면서 끊임없이 아이를 인정해주는 태도와 말을 해주어야 합니다. 그래야만 자신을 비난하는 것 같은 말들을 감당할 수 있게 됩니다. 한편 아이가 부모의 새로운 방식을 의심쩍어하거나, 심지어 적대감을 갖고 반응하기도 하는 과도기를 겪을 수도 있다는 사실은 알아두세요.

무엇보다 딸의 부정적 태도에 의욕이 꺾이거나 단념을 해서는 안 됩니다. 지금까지 살펴본 방법들은 모두 상대방에 대한 존중을 보여주는 것들이고, 대다수의 사람은 결국엔 그런 존중에 반응하게 되어 있다는 사실을 잊지 마세요.

Q 제 아들에게는 유머가 제일 잘 통해요. 뭘 하라고 시킬 때 재미있게 말하면 정말 좋아해요. 이런 방법이 괜찮을까요?

유머감각을 자극해 아이와 생각이 통할 수 있다면 당신의 힘이 그만큼 강해지는 겁니다! 아이들이 행동을 하도록 자극하고 집안 분위기에 활기를 불어넣기에는 소소한 유머만큼 좋은 것도 없지요. 많은 부모들이 가진 문제는 아이들과 생활하며 일상적으로 짜증을 내다보니 원래 가지고 있는 유머 감각까지 잃어버리는 것이에요.

참고로 한 아빠는 자신의 놀이 감각을 발휘하는 확실한 방법이 재미난 목소리나 억양을 흉내 내는 거라고 하더군요. 특히 다음과 같이 아이들이 좋아하는 로봇 목소리를 이용하자 효과가 아주 좋았다고 합니다. "여기는 RC3C. 다음번에 얼음을 쓰고 아이스트레이를 다시 채우지 않는 사람은 외부 공간을 돌게 될 것입니다. 적극 따라주시길 부탁드립니다."

Q 가끔씩 같은 말을 하고 또 하게 돼요. 앞에서 배운 방법을 활용하는데도 자꾸만 잔소리를 하게 되는 것 같아요. 이런 경우에는 어떻게 하면 좋을까요?

우리가 같은 말을 되풀이하게 될 때는 아이가 우리 말을 안 듣는 것처럼 행동해서 그러는 경우가 많아요. 아이에게 어떤 일을 한 번 더, 또 한 번 더 상기시키고 싶어져도 꾹 참아보세요. 그러는 대신 아이가 당신 말을 들었는지 확인해보세요. 다음과 같은 방법이 참고가 될 수 있을 겁니다.

엄마: 빌리, 우리 5분 후에 나갈 거야.

빌리: (대답을 안 하고 계속 만화책만 보고 있다.)

엄마: 엄마가 방금 뭐라고 했지?

빌리: 5분 후에 나갈 거라고요.

엄마: 좋아. 알아들은 거 확인했으니까 다시 말하지 않을게.

아이 문제의 99%는 부모의 말에서 시작된다

Q 제 아들에게 뭘 좀 도와달라고 말하면 "알았어요, 아빠, 좀 이따 가요"라고 대답하고는 말로만 끝내고 만다는 거예요. 이럴 때는 어떻게 해야 할까요?

한 아버지가 바로 그런 문제에 대해 다음과 같이 대처했다고 말해준 적이 있어요. 그 아버지의 사례가 도움이 될 겁니다.

아빠: 스티븐, 잔디 깎은 지 2주가 지났다. 오늘 잔디를 깎았으면 좋겠는데.

아들: 알았어요, 아빠, 좀 이따 할게요.

아빠: 언제쯤 할 생각인지 아빠가 알았으면 더 좋겠는데.

아들: 이 프로그램 끝나면 바로 할게요.

아빠: 그게 언젠데?

아들: 1시간쯤 후에요.

아빠: 좋아. 1시간 후에 잔디를 깎는 줄로 알고 이제 신경 안 쓴다. 고맙다, 스티브.

How To Talk So
Kids Will Listen

PART
3

화내지 않고
갈등을 해소하는
윈윈 대화법

CHAP
1

아이와의 갈등을 해결하는 건
벌이 아닌 진심이 담긴 대화다

　아이들이 스스로 변화할 수 있는 방법을 이용하다 보면 아이에게 늘상 하던 말을 하지 않기 위해 생각보다 많은 인내심과 자제력이 필요하다는 것을 깨닫게 된다. 부모들 역시 어린 시절 훈계나 경고, 협박이나 명령을 들으면서 자랐고, 오랫동안 익숙해진 것을 바꾸는 것은 쉽지 않은 일이다.

　안타까운 일은 모임에 참석한 후에도 많은 부모들이 아이들이 듣기 싫어하는 잔소리를 계속 하는 자신의 모습을 발견하고는 당황한다는 사실이다. 하지만 분명 달라진 점은 있다. 자신이 아이에게 어떤 말을 하는지 인식하면서 자신을 돌아보게 된다는 것이다. 이처럼 자신이 어떤 말을 할 때 그것이 아이에게 어떤 의미인지를 깨닫는 것만으로도 큰 발전이며 변화의 첫걸음이라고 할 수 있다.

　아이 문제의 99%는 부모의 말에서 시작된다

벌을 줄 때 아이의 마음속에서
일어나는 일들

내 경우에도 지금까지 아이들에게 대하던 방식을 바꾸는 것은 쉽지 않았다. 그리고는 항상 말하던 대로 "얘들아 너희는 뭐가 문제니? 욕실 불 끄는 걸 왜 맨날 잊어버려?"라고 말하곤 했다. 그렇게 말을 하는 나 자신에게 짜증이 나기도 했다. "그런 말을 다시는 하지 않겠다고 결심해놓고 또 하다니. 그렇게 말하지 말고 '얘들아, 욕실의 불이 켜져 있네' 아니면 '얘들아, 불!'이라고 말했더라면 더 좋았을 텐데"라고 몇 번이나 되뇌었다.

하지만 얼마 지나지 않아 또 다시 그런 말을 뱉어버리는 내 모습을 보며 자책을 한 적도 많았다. "난 결국 배운 대로 하지 못할 거야." "내가 한 말 때문에 아이들이 상처를 받지는 않았을까?" "어떻게 하면 이 방법을 우리 아이에게 잘 적용해볼 수 있을까?" 이런 생각을 하고 내 자신을 탓하며 다시는 이 방법을 사용할 기회가 없지는 않을지 걱정하기도 했다. 그런데 괜한 걱정이었다. 아이들은 여전히 계속해서 욕실 불을 켜놓고 나오며 나에게 다시 올바른 반응을 보일 수 있는 기회를 주었다. 그리고 나는 다음번에 아이들에게 "얘들아, 불"이라고 말했다. 그 말에 누군가 달려와 불을 껐다.

물론 내가 여러 가지 방법으로 '올바른 말'을 하는데도 도무지 통하지 않는 것 같았던 때도 있었다. 아이들은 나를 무시하기 일쑤였고, 더 심할 땐 대들기까지 했다. 그런 상황에서 내가 할 수 있는 일은 단

하나, 벌을 주는 것이었다.

하지만 나의 생각과 달리 벌을 주는 것은 효과가 거의 없었다. 많은 부모들이 아이들이 말을 듣지 않을 때는 벌을 주는 것밖에는 다른 방법이 없다고 생각하기 쉽지만 나는 이런 방법으로 효과를 얻는 경우를 보지 못했다. 아이들에게 벌을 줄 때 어떤 일이 일어나는지 깊이 이해하기 위해 다음의 상황을 읽어보고 질문에 답해보자.

상황 1

엄마: 마트에서 그만 뛰어다녀. 엄마가 장보는 동안 옆에 가까이 있으라고. 왜 자꾸 이것저것 만지고 그러니? 그 바나나 도로 내려놔. 아니야, 그건 안 살 거야. 집에도 많아. 토마토 그렇게 세게 쥐면 안 돼! 경고하겠는데, 엄마 말 안 들으면 후회하게 될 줄 알아. 거기에서 손 떼, 알았어? 나는 아이스크림 고르러 간다. 또 뛰어다니네. 넘어지고 싶어서 그래? 좋아, 더 이상은 못 참아!! 네가 저 할머니를 넘어뜨릴 뻔한 거 알아? 아무래도 벌 좀 받아야겠다. 오늘 밤에 먹으려고 산 이 아이스크림 한 스푼도 못 먹을 줄 알아.

이 상황에서 부모가 아이에게 벌을 준 이유는 무엇일까? _____

_____

벌을 받은 아이의 심정을 어떨까? _____

_____

아이 문제의 99%는 부모의 말에서 시작된다

상황 2

아빠: 빌리, 내 톱 네가 썼니?

빌리: 아니요.

아빠: 정말이야?

빌리: 정말이에요. 손도 안 댔어요!

아빠: 그런데 어떻게 톱이 바깥에 있지. 그것도 잔뜩 녹이 슨 상태로 너랑 네 친구가 만들고 있는 강아지 집 옆에 있던데.

빌리: 아, 참! 우리가 지난주에 썼는데 도중에 비가 내리기 시작해서 안으로 들어가면서 깜빡 잊어버린 것 같아요.

아빠: 그럼 거짓말 한 거네!

빌리: 거짓말 한 게 아니에요. 정말 깜빡했다니까요.

아빠: 지난주엔 망치를, 또 그 전에는 드라이버를 깜빡했잖아.

빌리: 아빠, 정말로 일부러 그런 게 아니에요. 그냥 가끔 깜빡하는 것뿐이에요. 누구나 깜박하잖아요.

아빠: 그러면 다시는 깜박하지 않도록 해줘야겠구나. 일주일 동안 게임 금지야.

이 상황에서 부모가 아이에게 벌을 준 이유는 무엇일까? _____

_____

벌을 받은 아이의 심정을 어떨까? _____

_____

벌은 자신의 잘못을 직면하는
내면의 과정을 빼앗는다

아이들에게 벌을 준다는 부모의 말을 들을 때마나 나는 이렇게 묻는다. "왜죠? 왜 벌을 주죠?" 그러면 부모들은 이렇게 대답을 하곤 한다.

"우리 아들은 벌을 주지 않으면 도무지 말을 듣지 않아요."
"벌을 주지 않으면 아이가 다시는 잘못을 저지르지 않도록 어떻게 가르치죠?"
"가끔씩 너무 화기 니는데, 벌을 주는 것 말고는 어떻게 할 줄을 몰라서요."

부모들에게 자신들이 예전에 벌을 받았을 때의 감정이 기억나느냐고 물었을 때는 다음과 같은 대답을 들었다.

"어머니가 미웠어요. '엄마 바보'라는 생각까지 했다가 좀 지나서 죄책감이 크게 들었어요."
"이런 생각을 했어요. '아버지 말이 맞아. 나는 나쁜 애야. 벌을 받아도 싸.'"
"제가 아주 많이 아파서 부모님이 저한테 한 일을 후회하는 공상을 하곤 했어요."

"아주 못된 부모라고 생각하면서 다음번에는 들키지 않고 부모님을 속여야겠다고 생각했던 기억이 나요."

나의 질문에 대답을 하면서 부모들은 아이에게 벌을 주면 증오, 복수, 반항, 죄책감, 무가치함, 자기연민의 감정을 유발할 수 있다는 사실을 깨달았지만, 그러면서도 여전히 다음과 같이 물었다.

"벌을 주지 않으면 아이들을 너무 방치하는 게 아닐까요?"
"하지만 그래도 아이가 계속 말을 안 들으면요. 그땐 벌을 줘도 괜찮지 않을까요?"

하지만 많은 연구에 따르면 벌을 주는 것은 아이의 주의를 다른 곳으로 돌릴 뿐 아이의 행동에 변화를 가져오는 효과는 전혀 없다. 오히려 벌을 받으면 아이는 자기가 한 일에 대해 후회하는 게 아니라 다른 방식으로 할 수 있는 방법을 찾거나 복수를 할 생각에 빠지게 된다. 결과적으로 아이에게 벌을 주면 아주 중요한 내면의 과정, 즉 자신의 잘못된 행동에 직면하는 과정을 박탈해버리게 된다.

아이가 어떤 잘못을 하면 부모는 아이가 더 바르게 행동할 줄 알게 되기를 희망하며 후회하게 할 방법을 생각한다. 하지만 우리는 아이가 잘못을 저지를 때 어떤 생각과 느낌을 갖게 되길 원하는지를 먼저 생각해보아야 한다. 아이가 TV 프로그램을 못 보게 된 것에 대한 불만이나 외출 금지 당한 것에 대한 원망, 자신은 구제불능의 나쁜 아이라는 자책에 마음이 쏠리길 바라는가, 아니면 그 실수를 바로잡고 더 나아져서 다음엔 어떻게 행동할지에 대해 생각하길 바라는가?

우리의 과제는 원망을 유발할 뿐만 아니라 진짜 문제점에 집중하지 못하게 방해하며 더 심각한 문제를 야기하는 잘못된 방식에서 벗어나 실제로 아이들을 올바른 방향으로 변화시킬 수 있는 방법을 찾는 것이다.

그렇다면 벌주기 대신 아이에게 사용할 수 있는 방법은 무엇일까? 앞에서 살펴본 상황1과 상황2에서 부모가 벌을 주는 대신 할 수 있는 방법은 무엇인지 생각해보자.

상황1의 미트에서 벌을 주는 대신 할 수 있는 방법은 무엇일까?

_____

_____

상황2에서 연장을 가져가서 제자리에 가져다 놓지 않은 아이에게 벌을 대신할 수 있는 방법은 무엇일까?

_____

_____

이런 질문에 실제로 많은 부모들이 매우 다양한 답을 내놓았다.

상황1의 경우 한 엄마는 아이와 함께 집에서 마트의 모형을 만들어놓고 마트에서 지켜야 할 예절에 대해 연습을 해볼 수 있다고 답했

아이 문제의 99%는 부모의 말에서 시작된다

다. 아이가 책임을 지고 마트에 가서 장을 보면서 직접 카트에 필요한 물건을 넣고 계산을 하는 과정을 간단한 그림책으로 만들어보는 것도 도움이 될 수 있다. 혹은 엄마와 함께 글이나 그림으로 장보기 목록을 만들어보는 것도 괜찮다.

상황2의 경우 아빠와 아들이 연장 대여 장부를 만들어서 하나의 연장을 대여받으면 다음 연장을 빌리기 전에 반환해야 하는 식의 규칙을 정할 수 있다.

주목할 점은 이 모든 방법들이 예방에 중점을 두고 있다는 것이다. 미리 계획을 세워 언제든 문제를 미연에 방지할 수 있다면 얼마나 멋지겠는가? 미리 예측할 여지도 기운도 없는 상황에서는 다음과 같이 벌 대신 사용할 수 있는 대안을 활용하는 것을 고려해볼 수 있다.

벌을 주는 대신 이용할 수 있는 방법들
- 아이에게 도움이 될 수 있는 방법을 가르친다.
- 아이의 인격을 비난하지 않는 방식으로 부모의 불만을 강하게 표현한다.
- 부모가 기대하는 바를 이야기해준다.
- 아이에게 문제를 해결할 수 있는 방법을 알려준다.
- 아이 스스로 선택할 수 있는 기회를 준다.
- 아이의 행동에 변화가 없으면 부모가 직접 조치를 취한다.
- 아이가 자신의 잘못된 행동의 결과를 경험하게 한다.

♦ 야단을 치기보다 도움이 되는 방법을 정확하게 말해준다 ♦

벌을 주거나 야단을 치며 아이를 비난하기보다는 어떻게 행동해야 하는지 정확하게 알려주는 것이 더 효과적이다.

♦ 아이 스스로 선택할 기회를 준다 ♦

아이에게 어떤 행동을 강요하기보다 스스로 자신의 행동을 선택하도록 하면 아이와의 관계에 긍정적 변화를 가져올 수 있다.

◆ 아이에게 잘못된 행동의 결과를 경험하게 한다 ◆

아이가 너무 제멋대로 행동해서 함께 장을 보러 갈 수 없다면 훈계나 잔소리를 길게 늘어놓기보
다는 자기가 한 잘못된 행동의 결과를 직접 경험하게 하면 된다.

◆ 부모가 느끼는 감정과 아이에게 기대하는 바를 말해준다 ◆

◆ 아이에게 잘못을 바로잡을 수 있는 방법을 알려준다 ◆

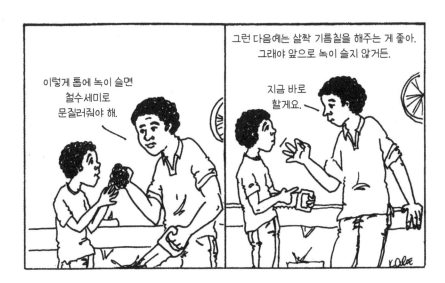

아이를 감정적으로 질책하기보다 부모가 느끼는 감정을 정확하게 표현하고 아이에게 기대하는 바와 잘못을 바로잡을 방법을 알려주면 아이의 행동 변화에 큰 도움이 된다.

◆ 아이에게 변화가 없을 때는 선택권을 준다 ◆

◆ 그래도 여전히 바뀌지 않을 때는 부모가 직접 조치를 취한다 ◆

앞의 방법을 사용해도 아이의 행동에 변화가 없을 때는 아이에게 선택권을 주거나 또 다른 방법으로 조치를 취해 아이의 행동이 변할 수 있도록 해야 한다.

반복되는 아이와의 갈등을 해소하기 위한 5단계 해법

이번엔 아이에게 반복적으로 나타나는 문제를 해결하는 방법에 대해 살펴보자. 한번은 워크숍이 끝날 무렵 한 엄마가 아들이 매일 너무 늦게 집에 돌아와 걱정이라며 하소연했다. 아들이 계속 변명을 하고 약속을 안 지키는가 하면 애써 사준 시계를 몇 번이나 고장냈다는 것이다.

나는 이 엄마의 사례를 이용하여 다음 부모 모임에서 부모들에게 내줄 연습 문제를 준비했다. 나는 아이의 관점에서 상황을 다시 설명하고 이때 부모가 보이는 세 가지 반응을 제시했다. 당신도 지금 이 연습 문제를 풀어보기 바란다. 아이의 시각에서 본 상황과 그에 대한 부모의 반응을 읽은 후 아이의 느낌이 어떨지 생각해보자.

아이의 상황

학교 수업이 끝난 후에 친구들과 학교 운동장에서 놀고 싶어요. 집에 5시 45분까지 들어가야 한다는 건 알지만 가끔씩 잊어버려요. 어제도, 엊그제도 집에 늦게 들어가서 엄마에게 심하게 혼이 났어요. 엄마가 또 다시 그렇게 소리를 지르는 건 싫어서 오늘은 운동장에서 놀면서 시계를 가진 친구에게 꼭 시간을 물어봐야겠다고 생각했어요. 그런데 정신없이 놀다가 친구에게 시간을 물어보니 6시 15분이라는 거예요. 깜짝 놀라서 곧장 집으로 달려갔어요. 엄마한테 사실대로 말했지만, 엄마는 역시 마구 소리를 질렀어요

"이제 변명도 지긋지긋하다! 이젠 네 말을 믿을 수가 없어. 어쨌든 이번엔 벌을 받아야겠다. 다음 주에는 학교를 마치자마자 집으로 와. 텔레비전도 못 보고, 게임도 못 할 줄 알아. 이제는 바로 네 방으로 가. 저녁 먹을 시간은 이미 지났으니까."

이때 아이는 어떤 생각이 들었을까? _____

_____

"저런, 뛰어오느라 얼굴이 엉망이구나. 땀 좀 봐. 엄마가 얼굴 좀 닦아줄게. 다시는 늦게 오지 않겠다고 약속하렴. 너 때문에 정말 불안해서 피가 마르는 것 같아. 이제 가서 손 씻고 와. 저녁이 식었으니까 따뜻하게 데워줄게."

이때 아이는 어떤 생각이 들었을까? _____

_____

"네가 늦지 않으려고 노력했다니 다행이다. 하지만 엄만 그래도 속이 상해. 다시는 그런 걱정을 하고 싶지 않아. 네가 5시 45분에 집에 오겠다고 말하면 그 말을 믿을게. 우리는 벌써 저녁을 먹었어. 닭요리를 했는데 다 먹고 남은 게 없지만 원하면 네가 직접 샌드위치 만들어 먹으렴."

이때 아이는 어떤 생각이 들었을까?_____

_____

세 가지 부모의 반응에 대해 어떻게 생각하는가? 이 문제를 접한 부모들은 첫 번째 부모의 반응은 너무 가혹하다고 느꼈다. 이런 반응을 접한 아이는 분명 "엄마 너무해. 복수할 거야"라고 생각하며 오히려 부모에게 반발할 가능성이 높을 것이다. 두 번째 반응은 너무 약하다고 생각했다. 이런 부모에게 아이는 "무슨 일을 하든 벌 받지 않고 잘 넘어갈 수 있겠는데"라고 생각하며 눈속임이나 거짓말로 상황을 모면하려고 할지도 모른다.

대부분의 부모들은 세 번째 반응이 적당하다고 여겼다. 아이는 틀림없이 "엄마가 정말 화나셨네. 이제부터는 집에 늦지 않게 오는 게 좋겠어. 거기다가 엄마가 날 믿어주고 계시는데 엄마를 실망시켜서는 안 돼"라고 생각할 것이다. 이처럼 부모가 어떤 반응을 보이느냐에 따라 아이는 반발을 하거나 거짓말로 부모를 속이려 할 수도 있는 반면 자신의 행동을 반성하며 변화해나가기도 한다.

아이의 엄마는 집에 가서 세 번째 방법을 시도했다. 그랬더니 효과가 있었다. 하지만 3주가 지나자 바비는 예전 버릇으로 다시 돌아

갔고, 엄마는 좌절했다. 바비의 엄마가 어려움을 토로하자 함께 문제를 접했던 많은 부모들이 다음과 같이 묻기 시작했다. "모든 방법을 다 써봤는데도 효과가 없으면 어떻게 해야 하죠?" "벌을 주는 것 말고는 더 이상 할 일이 없을 때는 어떻게 해야 하죠?"

아이의 문제 행동이 고쳐지지 않고 오래 지속된다면 문제는 더욱 복잡해진다. 이런 경우 한두 마디 말로 아이의 행동을 바로잡을 수 있을 거라고 기대해서는 안 된다. 오래 계속된 행동일수록 그 행동을 고치기 위해서는 복잡하고 힘든 과정이 필요하다. 다음은 지속되는 문제 행동을 바꾸기 위한 5단계이다.

다음의 내용을 따라 첫 번째에서부터 다섯 번째 단계까지 차근차근 밟아가는 과정에서 무엇보다 중요한 것은 감정에 치우치지 않고 부모와 아이 모두 자신의 느낌과 생각을 솔직하게 이야기하는 것이다.

문제를 해결하기 위한 5단계
- 1단계: 아이의 감정과 필요에 대해 얘기한다.
- 2단계: 부모의 감정과 필요에 대해 얘기한다.
- 3단계: 서로 만족스러운 해결 방법을 찾기 위해 함께 의논한다.
- 4단계: 평가하지 않고 생각한 모든 방법을 적는다.
- 5단계: 마음에 드는 방법과 그렇지 않은 방법을 구분하고, 실행 계획을 세운다.

아이 문제의 99%는 부모의 말에서 시작된다

아이의 문제 행동이 고쳐지지 않고 지속될 때에는 아이들이 느끼는 감정과 욕구는 물론이고 부모가 느끼는 감정과 욕구에 대해서도 솔직하게 터놓고 이야기하는 과정이 필요하다.

♦ 3단계_서로 만족할 수 있는 해결책을 찾기 위해 의견을 나눈다 ♦

♦ 4단계_평가하지 말고 모든 아이디어를 적는다 ♦

서로가 생각하는 해결 방법을 이야기할 때는 상대가 말한 방법에 대해 평가하지 말고 떠오르는 모든 방법을 적어야 한다.

◆ 5단계_마음에 드는 방법을 정하고 실행 계획을 세운다 ◆

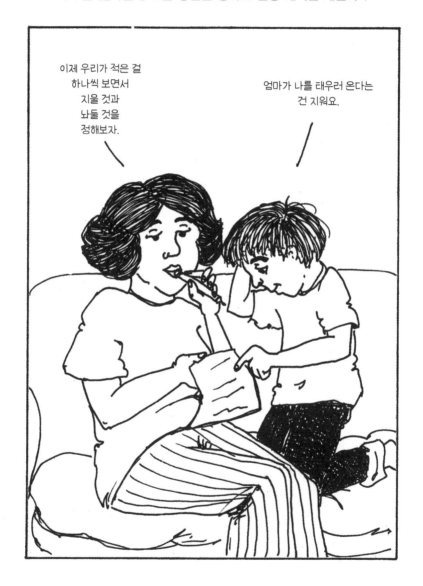

마음에 드는 아이디어와 별로인 아이디어를 정하고, 앞으로 어떤 아이디어를 따를지 계획을 세운다.

부모와 아이가 모두 행복한 원원의 해법 찾기

부모들의 모임에서 이 문제 해결 단계에 대해 설명한 후 역할극을 해보았다. 다음은 우리가 역할극에서 나누었던 대화를 정리한 것이다.

> 엄마: 바비, 너랑 하고 싶은 얘기가 있어. 지금 시간 괜찮니?
>
> 바비: (의심쩍어하며) 무슨 얘긴데요?
>
> 엄마: 제시간에 집에 들어오는 문제에 관한 거야.
>
> 바비: 말했잖아요. 나도 시간을 지키려고 노력하고 있어요. 하지만 언제나 한창 놀고 있는 중간에 나와야 한다고요!
>
> 엄마: 저런?
>
> 바비: 나처럼 일찍 가야 하는 애들은 아무도 없어요! 아무도요!
>
> 엄마: 흠.
>
> 바비: 그리고 내 시계가 고장이 나서 친구들에게 계속 시간을 물어야 하는데, 그러면 친구들은 "시끄러" 하면서 핀잔을 준다고요!
>
> 엄마: 친구들이 그러면 너도 속이 상하겠구나.
>
> 바비: 맞아요! 케니는 나한테 애기냐고 놀리기까지 한다고요.
>
> 엄마: 그 말에도 상처를 받았겠네! 그래, 네 얘길 들어보니 다른 아이들이 놀고 있는데 혼자 나오기는 싫을 것 같아.
>
> 바비: 맞아요!
>
> 엄마: 바비, 그런데 엄마 마음은 어떤지 알고 있니?

아이 문제의 99%는 부모의 말에서 시작된다

바비: 네. 제가 늦지 않게 집에 오길 바라시잖아요.

엄마: 그것도 맞지만, 네가 늦으면 걱정이 되는 마음이 가장 커.

바비: 그럼 걱정하지 마세요!

엄마: 나도 그랬으면 좋겠어. 그러면 우리 같이 머리를 맞대고 이 문제를 해결할 수 있는 방법을 생각해보자. 네 생각을 먼저 말해줄래?

바비: 내가 늦게 와도 엄마가 걱정 안 했으면 좋겠어요.

엄마: 좋아. 여기에 적어둘게. 또 다른 생각은?

바비: 잘 모르겠어요.

엄마: 엄마한테 한 가지 생각이 있어. 엄마가 운동장으로 가서 널 태워서 오는 거야.

바비: 그건 싫어요.

엄마: 일단 생각나는 건 모두 적어놓고 나중에 좋은 방법과 그렇지 않은 방법을 정해보자. 또 다른 방법은 없을까?

바비: 내 시계를 고치는 게 좋겠어요.

엄마: 그래 이 방법도 적어둘게. 또 다른 건?

바비: 왜 맨날 밥을 다 같이 먹어야 해요? 내 저녁만 따로 남겨두면 안 돼요?

엄마: 그 방법도 일단 적어둘게. 그리고 엄마 생각에는 지금은 낮이 점점 길어지고 있으니까 저녁 시간을 15분 정도 늦춰도 될 것 같은데.

바비: 겨우 15분이요!

엄마: 너는 저녁을 더 늦게 먹길 바라는구나. 그래도 저녁 시간을 15분 늦추는 방법도 적어둘게. 또 다른 방법이 없으면 지금까지 적은 것들을 보면서 지우고 싶은 것과 그대로 두고 싶은 걸 정해볼까?

바비: 좋아요.

엄마: (적어놓은 방법들을 읽는다.)

해결 방법

1. 바비가 집에 늦게 와도 엄마는 걱정하지 않는다.
2. 엄마가 학교로 가서 바비를 태워온다.
3. 바비의 시계를 수리한다.
4. 바비의 저녁은 따로 남겨둔다.
5. 저녁 시간을 15분 늦춘다.

바비: 매일 저를 태우러 오는 건 지워요. 엄마가 저를 데리러 오면 케니가 정말로 절 놀릴 거예요.

엄마: 좋아. 그건 지울게. 그리고 엄마는 네가 집에 늦게 오는 걸 지울래. 그건 엄마가 걱정이 되어서 안 될 것 같아. 그러면 다음 방법을 볼까? 저녁 시간을 6시 15분으로 바꿀 수 있을 것 같은데, 이렇게 15분 더 미뤄주면 도움이 되겠어?

아이 문제의 99%는 부모의 말에서 시작된다

바비: 뭐, 조금은 도움이 될 것도 같아요.

엄마: 그리고 네가 시간을 미리 알려주면 네 저녁을 따로 남겨둘 수도 있을 것 같아.

바비: 네. 그리고 '시계 수리'도 그대로 둬요.

엄마: 음, 하지만 벌써 시계가 고장 난 게 두 번째야. 또 수리비를 들이는 게 엄마는 마음에 내키지 않아.

바비: 용돈을 모아둔 게 있어요. 그 정도면 시계를 수리할 수 있을까요?

엄마: 글쎄다. 하지만 분명 보탬이 되긴 할 거야. 부족한 금액은 아빠와 내가 내줄게.

바비: 앞으론 조심할게요. 운동을 할 때는 벗어두고 자주 시계를 보면서 집에 갈 시간이 되었는지 확인할게요.

엄마: 그래주겠니? 그럼 지금까지 정해진 것들을 확인해보자. 엄마는 저녁 시간을 6시 15분으로 바꿀게. 그럼 네가 15분 더 놀 수 있겠지. 또 같이 돈을 합해서 시계를 수리하기로 했고. 그리고 가끔은 네가 미리 알려주기만 하면 내가 네 저녁을 식지 않게 잘 놔둘 거고. 어때?

바비: 좋아요!

다음 모임에서 부모들은 모두 바비의 엄마에게 결과를 물었다. 바비의 엄마는 싱긋 웃으며 "바비가 이 방법을 재미있어했고, 지금까지는 약속을 잘 지키고 있어요!"라고 말했다.

위의 대화를 읽어보면 각 단계를 아이와의 대화에 적용하는 것이 그리 어렵지 않다고 생각할지도 모른다. 하지만 결코 쉬운 일이 아니다. 무엇보다 어려운 부분은 각 단계를 배우는 것이 아니다. 부모들이 가장 힘들어하는 부분은 태도를 바꾸는 것이다. 우선 아이를 교정이 필요한 '골칫거리'로 생각하는 태도를 고쳐야 하며, 어른이라는 이유로 자신의 생각이 항상 옳다는 생각도 버려야 한다. 아이에게 휘둘릴까 봐 걱정하는 태도도 버려야 한다.

부모가 시간을 내서 같이 앉아 마음을 열고 아이의 이야기를 들어주면 아이와 부모 모두가 만족할 수 있는 방법을 찾을 수 있지만, 그러기 위해서는 무엇보다 할 수 있다는 믿음이 필요하다.

또한 아이와의 갈등은 누가 이기고 지는가의 문제가 아니라는 사실을 인정해야 한다. 아이에게 휘둘리는 부모가 되어서는 안 된다는 마음에 아이의 주장을 꺾으려만 하면 갈등은 더 커질 뿐이다. 부모와 아이가 동등하게 서로 존중하면서 해결책을 찾아나가면 서로 적대감을 가질 필요가 없음을 깨달을 수 있을 뿐만 아니라 아이에게 자신의 문제에 대해 적극적으로 해결책을 찾을 줄 아는 능력도 길러주게 될 것이다.

아이 문제의 99%는 부모의 말에서 시작된다

• 아이의 인격을 비난하지 않는 방식으로 부모의 불만을 강하게 표현한다.
"새로 산 톱이 밖에 방치되어 있다 비를 맞고 녹이 슬어서 너무 화가 나!"

• 부모가 기대하는 바를 이야기해준다.
"내 연장을 빌려 쓰고 나서 다시 가져다 놓았으면 좋겠어."

• 아이에게 문제를 해결할 수 있는 방법을 알려준다.
"지금 이 톱의 상태를 보니 철수세미로 열심히 갈아줄 필요가 있겠어."

• 아이 스스로 선택할 수 있는 기회를 준다.
"내 연장을 빌려 쓰고 다시 가져다 놓든가 아니면 연장을 사용할 권리를 포기해야 해. 어느 쪽으로 할지 네가 정해."

• 아이의 행동에 변화가 없으면 부모가 직접 조치를 취한다.
아이: "왜 연장통이 잠겨 있어요?"
아버지: "왜인지는 네가 더 잘 알잖아."

• 아이와 함께 문제를 해결할 방법을 찾는다.

"너는 필요할 때 내 연장을 쓸 수 있고, 나는 필요할 때 연장이 제 자리에 잘 있을 거라고 믿을 수 있으려면 우리가 어떻게 하는 게 좋을까?"

과제

1. 이번 주에 아이에게 벌을 주는 대신 사용할 수 있는 방법을 실천해보자. 그중에서 어떤 방법을 사용했는가? 아이는 어떤 반응을 보였는가?

_____

_____

_____

2. 아이에게 반복적으로 나타나는 문제 중에서 5단계의 문제 해결법을 이용하여 해결할 수 있는 것이 있는지 생각해보자. 아이와 부모 모두 편안한 시간과 장소에서 아이와 함께 문제 해결 방법을 생각해보자.

_____

_____

_____

CHAP
2

벌주지 않고 아이와 함께
문제를 해결하는 부모의 말

많은 부모들이 아이들을 올바르게 가르치기 위해서는 벌을 줘야 한다는 생각을 가지고 있다. 심지어 아이에게 벌을 주는 것이 부모의 의무라고 여기기도 한다. 하지만 나는 벌을 주는 것이 아이들의 행동에 변화를 가져오는 데 조금도 도움이 되지 않는다고 생각한다. 그리고 벌에 대해서 묻는 부모에게 어린 시절에 벌을 받았던 기억에 대해서 질문을 한다. 그러면 대부분의 부모들이 다음과 같은 대답을 했다.

"외출 금지를 당하긴 했지만 엄격하진 않았어요. 가볍게 넘어갈 때가 많았어요."
"부모님이 외출을 금지시켰을 때 마음이 아팠어요. 그 뒤로 나는 부모님의 말을 존중하지 않게 된 것 같아요."

아이 문제의 99%는 부모의 말에서 시작된다

"엄마가 절 수저로 때렸어요. 그래도 저는 말을 듣지 않았어요."

"저는 구석에 가서 서 있는 벌을 받았어요. 수치스럽고 무서웠죠."

부모들의 대답에서도 알 수 있듯이 실제로 벌을 주는 것은 부모에 대한 원망을 가져올 뿐이다. 더 심각한 문제는 아이가 진짜 문제가 무엇인지 깨닫지 못하는 데 있다. 아이가 어떤 잘못을 하면 부모는 아이가 더 바르게 행동할 줄 알게 되기를 희망하며 잘못된 행동을 후회하게 할 방법을 생각한다.

그럼에도 많은 부모들이 "자신의 행동에 대한 결과를 감수하게 하는 것조차 안 된다는 얘긴가요? 벌을 주지 않으면 아이가 부모를 너무 만만하게 생각하지는 않을까요?"라고 묻는다. 분명한 사실은 부모는 아이를 보호하기 위해, 아이가 다른 사람들에게 해를 끼치지 않도록 하기 위해, 부모와 자녀 사이의 관계를 보호하기 위해 조치를 취할 수 있다. 우리의 가치관을 밝히며 선택권을 줄 수도 있고, 아이에게 문제를 해결하거나 바로잡을 방법을 알려줄 수도 있다. 그리고 이 모든 일을 벌을 주지 않고도 할 수 있다.

아이와 함께 쓴 편지 한 장이 바꿔놓은 것들

사례

지난주에 아들 도니의 선생님에게 전화가 왔어요. 선생님은 아주 걱정스러운 목소리로 도니가 수업 시간에 집중하지 못하고 말썽을 부리며, 아직도 구구단을 못 외우니 집에서 잘 가르쳐달라고 했어요. 나는 감사하다고 인사했지만 속으로는 충격을 받았어요. 그리고 가장 먼저 이런 생각을 했어요. "집에 오기만 해봐라. 구구단을 외울 때까지 게임도 못 하고 텔레비전도 절대 못 보게 해야지." 다행히 도니가 1시간이나 지나서 집에 왔기에 마음을 가라앉힐 수 있었어요. 그리고 도니와 다음과 같은 대화를 나눴어요.

엄마: 선생님이 오늘 전화했는데 걱정이 많으시더라.

도니: 아, 선생님은 맨날 나만 보면 그런 얘기를 하세요.

엄마: 선생님 말씀으로는 네가 수업에 방해가 되고 있고 구구단도 잘 못 외운다고 하던데.

도니: 그게요, 미첼이 자꾸 공책으로 내 머리를 때려요. 그래서 나도 공책으로 미첼을 때리다가 선생님한테 걸린 거예요.

엄마: 미첼이 너를 그렇게 괴롭히면 공부가 안 될 만도 하구나.

도니: 구구단도 7단까지는 알아요. 8단과 9단을 모르는 것뿐이에요.

엄마: 그러면 미첼이랑 서로 떨어져 앉으면 수업에 더 잘 집중하게 될 것 같니?

도니: 그럼요. 그러면 7단과 8단도 외울 수 있을 것 같아요.

엄마: 그럼 선생님께 편지를 써서 네 생각을 알려드리면 어떨까?

도니: 좋아요.

아이 문제의 99%는 부모의 말에서 시작된다

엄마: 선생님께 뭐라고 쓰면 좋을까?,

도니: 미첼이랑 떨어져 앉게 자리를 바꿔달라고요.

엄마: (편지를 쓰며) "선생님께, 도니는 미첼과 너무 가까이 앉지 않게 자리를 바꾸었으면 좋겠다고 합니다." 이렇게 쓰면 괜찮겠어?

도니: 네.

엄마: 다른 말은?

도니: (한참 생각하다가) 구구단 7단과 8단을 소리 내 쓰면서 외우겠다고 말해주세요.

엄마: (글을 쓰며 읽어주면서) "도니가 구구단 7단과 8단을 쓰면서 외우겠다고도 합니다." 또 다른 말은?

도니: 없어요.

엄마: 그럼 편지를 마무리할게. "이 문제에 관심을 갖게 해주셔서 감사합니다."

나는 편지를 다시 도니에게 읽어줬어요. 그런 다음 우리 둘의 서명을 했고, 다음 날 도니는 그 편지를 학교에 가져갔어요. 확실히 뭔가 변화가 일어난 것 같아요. 아들이 학교에 갔다 와서 가장 먼저 한 말이 "선생님이 오늘 자리를 바꿔주셨어요. 저한테 아주 잘 대해주셨고요"였거든요.

친구에게 빌려주었던 아기 침대를 돌려받아 침실에 두었더니 세 살배기 브라이언이 그 침대를 이리저리 흔들어보더니 관심을 보이면서 그 작은 침대 위로 올라가려고 했어요.

브라이언: 엄마, 이 침대에 올라갈래요.

엄마: 넌 이 침대에 눕기엔 너무 컸어.

브라이언: (침대 안으로 올라가려고 하면서) 그래도 올라갈래요.

엄마: (아들을 말리며) 엄마가 넌 너무 커서 안 된다고 했잖아. 네가 이 안에 들어가면 침대가 부러질지도 몰라.

브라이언: 싫어요. 지금 올라갈래요! (울기 시작한다.)

엄마: 안 된다고 했잖아!

서툰 대응이었죠. 제가 이 말을 내뱉자 브라이언의 칭얼거림이 가벼운 땡깡으로 변해가는 걸 느끼며 제가 잘못 대응했다는 걸 깨달았어요. 그래서 아들과 문제 해결을 시도해보기로 마음먹었어요.

엄마: 엄마도 네가 정말로 이 침대에 바로 올라가고 싶은 거 알아. 흔들거리니까 아주 재미있을 것 같겠지. 엄마도 이 안에 들어가 흔들흔들 해봤으면 좋겠어. 문제는 이 침대가 엄마를 받쳐주지 못하고 너도 받쳐주지 못한다는 거야. 우리는 너무 커.

브라이언: 엄마는 너무 커요. 나도 너무 크구요. (브라이언이 방에

서 나갔다가 자기 곰 인형 구버를 데리고 다시 들어오더니 구버를 침대 안에 앉힌다. 침대를 앞뒤로 흔들어주기 시작한다.)

브라이언: 봐요, 엄마? 내가 구버를 흔들어주고 있어요, 그래도 돼 죠?

엄마: 구버에게는 딱 맞네.

"함께 방법을 찾아보자"라는 말로 이끌어낸 아이들의 창의적 해법

사례

아이의 배변 훈련에 번번이 실패하다 나는 세 살 먹은 아이에게 문제 해결 방법을 시도해보기로 하고 아이에게 이렇게 말했어요.

"데이비드, 엄마가 생각하기에도 어린애가 변기 사용법을 배우기 는 아주 힘들 것 같아. 가끔 정신없이 노느라 화장실에 가는 걸 잊어 버린다는 것도 알아."

아들은 나를 빤히 바라보며 아무 말도 하지 않았고, 나는 계속 말을 이어갔죠.

"가끔은 알아차렸을 때도 제때 화장실에 가서 변기에 올라가 앉 기가 힘들기도 하겠지."

"맞아요." 아들이 고개를 끄덕이며 말했어요.

나는 종이와 크레파스를 가져와 아들에게 도움이 될 것 같은 방법을 모두 적어보자고 했어요. 아들은 자기 방으로 달려가 노란색 종이와 빨간색 크레용을 가져왔어요. 나는 아들과 같이 앉아 글을 쓰기 시작했어요. 아이가 먼저 두 가지 방법을 이야기했어요.

1. 지미네 집 욕실에 있는 것과 같은 배변 의자를 산다.
2. 화장실에 가야 할 때 엄마가 물어봐준다.

그리고 데이비드가 "내 친구 피터와 피터의 엄마가 나를 도와줄 거예요. 피터는 배변용 팬티를 입는대요"라고 말했어요. 그래서 나는 "배변 연습용 팬티 사주기"라고 적었죠. 다음 날 나는 아들과 함께 나가서 배변 의자와 배변 연습용 팬티를 잔뜩 사줬어요. 데이비드는 좋아하며 피터와 바바라에게 보여줬고, 두 사람은 잘 해낼 거라며 데이비드를 응원해주었어요.

그리고 우리는 배에 묵직한 느낌이 들면 화장실을 갈 때라는 것과 화장실에서 팬티를 내리는 방법에 대해서도 이야기했어요. 이제 아들은 내가 아들이 용변 보는 일의 어려움에 공감해주고 있다는 걸 알게 된 것 같아요. 이제 석 달 정도 지났는데 아들은 거의 완벽하게 훈련이 되었고, 스스로를 자랑스러워하고 있어요!

사례

나의 아들 마이클은 지금 다섯 살인데, 3~6학년 수준의 책을 읽을 정도로 어휘력이 높고 나중에 의사가 되겠다고 하죠. 그래서 의학

아이 문제의 99%는 부모의 말에서 시작된다

서에서 신체의 여러 부분에 대한 내용을 읽어주면 좋아해요. 그런데 밤에는 자주 내 침대로 들어와요. 그래서 거부당하는 느낌이 들지 않게 하면서 아들을 떼어놓기 위해 여러 가지 방법을 다 써봤지만 소용이 없었어요.

새벽 2시 30분까지 자지 않고 있다가 내가 깊이 잠이 들면 베개를 들고 내 침대 가운데로 파고들어서 아침에 일어나면 아들이 옆에 웅크려 있는 모습을 보기 일쑤였어요. 심지어 나한테 자기 침대에서 자라고 하고, 자기는 내 침대에서 자겠다고 하기도 하죠. 어느 날 나는 다른 방법을 시도하기로 결심했어요.

나는 마이클에게 어떻게 하면 밤중에 엄마 아빠 침대로 들어오지 않을 수 있을지 물었어요. 마이클은 생각해보겠다고 말하고는 자기 방으로 들어갔어요. 그리고는 10분쯤 뒤에 노란색 메모장과 펜을 가지고 다시 와서 나에게 다음과 같이 써달라고 했어요.

마이클에게,

밤에 들어오지 말아줘.
사랑을 담아,

-아빠가

마이클은 이 쪽지를 문에 붙이더니 이렇게 말했어요.

"내가 엄마 아빠 방에 들어오는 게 싫으면 이 메모를 그대로 놔두세요. 들어와도 괜찮으면 메모를 거꾸로 붙여두세요. 그러면 내가 들어와도 된다는 걸로 알게요."

나는 아이에게 고맙다고 말해주었어요.

다음 날 아침 6시가 넘어서 마이클이 다시 내 침대로 들어오면서 말했어요. "있잖아요, 아빠, 제가 어두울 때 일어나서 아빠 방으로 와봤는데 메모가 그대로 있어서 다시 내 침대로 갔어요. 아빠, 저한테 물어보기만 하면 제가 아빠의 문제도 해결하게 도와줄게요."

이 방법은 2주가 지나도록 잘 지켜지고 있어요.

사례

화요일 저녁에 나는 다섯 살 난 딸아이 제니퍼에게 질문을 꺼냈어요.

엄마: 우리 얘기 좀 할까?

제니퍼: 네.

엄마: 우리의 '한밤중'의 문제에 대해 얘기하고 싶어.

제니퍼: 좋아요.

엄마: 우리 둘 모두를 속상하게 만드는 이 상황에 대해 네가 어떤 기분인지, 나한테 말해주지 않을래?

제니퍼: 내 방에 뭔가 들어오는 것 같아서 무서워요. 그래서 엄마

방으로 가고 싶어요.

엄마: 저런, 그랬구나.

제니퍼: 엄마는 그게 싫은 거죠?

엄마: 음, 내 기분이 어떤지 말해줄게. 힘든 하루를 보내고 나면 엄마는 따뜻한 이불 밑으로 들어가 깊은 잠에 빠지거든. 그렇게 잠이 들었다가 중간에 깨면 나는 그다지 다정하지 않은 엄마가 되어버린단다.

제니퍼: 나도 알아요.

엄마: 그러면 우리 둘 다 행복해질 수 있는 해결책이 있을지 한번 생각해서 적어보자.

제니퍼: 좋아요. 나는 엄마 아빠 침대에서 자고 싶어요.

엄마: 좋아. 또 다른 건?

제니퍼: 그러는 대신에 그냥 엄마를 깨울 수도 있어요.

엄마: 음…. (글을 쓰며)

제니퍼: 무서운 생각이 들면 야간등을 켜고 책을 읽을 수도 있어요.

엄마: 그래, 넌 할 수 있을 거야.

제니퍼: 그러려면 스탠드가 필요한데, 사주실 수 있어요?

엄마: (글을 쓰며) 스탠드로 뭘 하려고?

제니퍼: 책을 읽을 수 있고, 그림을 그릴 수도 있고….

엄마: 우리 딸이 아주 신이 났네.

제니퍼: 좋아요, 4번은 뭐로 하죠?

엄마: 생각나는 아이디어 더 없어?

제니퍼: 내가 마실 것을 달라고 부탁할 수도 있어요.

엄마: (글을 쓰며) 음.

제니퍼: 그리고 5번은 괜찮으시면 엄마가 몰래 나와서 확인하는 거로 해요.

엄마: 이제 목록이 만들어졌어! 같이 읽어보자.

제니퍼는 바로 첫 번째와 두 번째 해결책 옆에 X자를 표시했어요. 그리고 다음 날에는 스탠드, 메모장, 크레용을 사달라고 했고, 그날 밤은 정말 기분 좋게 보냈어요. 이제 딸이 저를 자게 내버려둔 지 꼬박 일주일이 되어가요. 앞으로도 지금처럼 잘 됐으면 좋겠어요.

아이들은 문제 해결에 익숙해지고 나면 형제자매들과의 의견 차이를 더 잘 해결할 수 있게 된다. 덕분에 이제 부모가 끼어들거나, 심판 역할을 하거나, 해결책을 내놓는 대신 아이들 스스로 자신의 문제에 책임을 지고 갈등을 해결하게 된다. 부모는 그저 다음과 같은 말로 아이들을 격려하면 된다.

"얘들아, 이게 어려운 문제이긴 하지만 나는 너희 둘이 같이 머리를 맞대고 둘 다 동의할 수 있는 해결책을 내놓게 될 거라고 믿어."

사례

다섯 살배기 브래드와 세 살배기 타라가 밖에서 놀고 있었어요.

아이 문제의 99%는 부모의 말에서 시작된다

브래드가 타라의 세발자전거를 타고 있었고 타라는 그 자전거를 타고 싶어 하는 상태였죠. 타라가 슬슬 짜증을 내는데도 브래드는 자전거에서 내려오려 하질 않았어요.

평상시 같았다면 내가 나서서 "브래드, 자전거에서 내려. 네 동생 거잖아. 넌 네 자전거를 타야지!"라고 한마디했을 거예요. 하지만 이번에는 타라의 편을 들지 않고 상황을 정리해주었어요. "너희 둘 모두에게 문제가 있어 보인다. 타라, 너는 네 세발자전거를 타고 싶어 해. 브래드, 너는 타라의 세발자전거를 타고 싶은데 타라가 그걸 싫어 해." 그런 다음 둘 모두에게 말했어요. "너희가 둘 다 받아들일 수 있을 만한 문제 해결책을 찾는 게 좋을 것 같아."

타라는 계속 울고 있었고 브래드는 잠시 생각에 빠졌어요. 그리고는 얼마 후에 브래드가 나에게 이렇게 말했어요. "내 생각엔 내가 앞에 타서 자전거를 몰고, 타라는 내 허리를 잡고 뒤에 타는 게 좋을 것 같아요."

나는 "이 해결책은 내가 아니라 타라와 상의해야지"라고 말해주었고, 브래드는 내 말을 듣고 타라의 의견을 물었어요. 타라는 오빠의 의견에 동의했고, 둘이 같이 자전거를 타고 저녁 노을 속으로 달려갔어요.

우리가 끊임없이 놀라게 되는 한 가지는 아이들이 내놓는 해결책들이다. 아이들의 해결책은 대체로 더 없이 독창적인데다 어른들이 내놓을 법한 제안보다 훨씬 더 만족스럽다.

여덟 살 먹은 나의 아들 스콧은 분노의 감정을 표출하는 데 애를 먹고 있어요. 특히 그날의 저녁엔 잔뜩 화가 나 있었는데, 자신의 화를 삭일 방법을 몰라 저녁을 먹다 주먹을 불끈 쥐고는 뛰쳐나갔어요.

아들은 자기 방으로 가다가 뜻하지 않게 제가 아끼는 꽃병을 넘어뜨렸어요. 나는 꽃병이 바닥으로 떨어져 박살나는 모습을 보자 화가 치밀어 아이에게 소리를 질렀고, 아들은 자기 방으로 달려 들어가 문을 쾅 닫았어요.

시간이 지나면서 화난 감정이 누그러든 후에 나는 아들 방 앞으로 가서 노크를 하며 잠깐 얘기를 할 수 있을지 물었어요.

아들은 고마워하는 표정으로 나를 쳐다보며 "네, 괜찮아요!"라고 말했어요. 단지 내가 옆에 있어주는 것만으로도 내가 여전히 자신을 사랑하고 있고 어설프고 제멋대로인 아이가 아닌 한 인간으로 여기고 있다고 느껴져 안심하는 것 같았어요.

나는 아주아주 화가 날 때는 어떤 기분인지부터 물어봤어요. 아들은 누군가를 주먹으로 때리거나 뭔가를 부수고 쿵쾅거리며 돌아다니고 문 같은 걸 아주아주 세게 쾅 닫고 싶다고 말했어요. 나는 그런 식으로 화를 내면 나도 아들 방으로 들어가 아들이 가장 좋아하는 장난감을 집어 던져버리고 싶다고 말해줬어요.

나는 종이와 펜을 가져와서는 우리 둘 다 감수할 수 있는 분노의 표출이나 발산 방법을 찾아보는 것이 어떨지 물었어요. 그랬더니 아들이 다음의 여러 가지 제안을 내놓았어요.

1. 아빠가 샌드백을 천장에 달아주기

2. 벽에 공을 던질 수 있도록 완충제를 붙이기

3. 빈백 의자를 천장에 걸기

4. 라디오를 최대한 큰 소리로 켜기

5. 철봉 설치하기

6. 베개를 머리에 뒤집어쓰고 힘껏 치기

7. 문 쾅 닫기

8. 바닥에서 쿵쿵 뛰기

9. 침대에서 쿵쿵 뛰기

10. 불을 켰다 껐다 하기

11. 밖에 나가 10분 정도 집을 돌며 뛰기

12. 종이 찢기

13. 나를 꼬집기

나는 한마디도 하지 않은 채 아이의 생각을 모두 적었어요. 아들은 허락받지 못할 줄을 잘 아는 이런 제안들을 말하고 나서 짧게 키득키득 웃었어요. 이런 것이 자기가 정말로 좋아하는 것이라는 점을 저에게 알려주려는 것 같아 흥미로웠어요.

같이 목록을 다시 쭉 훑어보면서 나는 몇 가지를 지우고는 그 방법이 나에게는 잘 맞지 않을 것 같은 이유를 설명해줬어요. 그렇게 해서 아들과 나는 가능성이 있는 방법 네 가지를 골라냈어요.

아이 아빠에게 시간을 정해 샌드백을 손본 후 천장에 걸어달라고 하기로 했어요. 아들의 방 문틀에 철봉도 설치하기로 했어요. 또 아들이 낮 시간에 한해 집을 빙 돌아 뛸 수 있도록 허락해주기로 했어요.

종이를 찢는 방법을 짚어볼 때는 내가 이렇게 말했어요. "여기엔 딱 한 가지 문제점이 있어."

그러자 아들이 알아서 대답했어요.

"아, 나도 알아요. 찢고 나서 주워서 치울게요."

이때쯤 우리는 서로 바짝 붙어 앉아 스킨십을 하며 아주 차분하게 말하고 있었어요. 나는 마지막으로 아들에게 이렇게 말했어요.

"한 가지만 더 말해주고 싶은 게 있어. 네가 화가 너무 차오르는 기분일 땐 언제든 해도 되는 일에 대한 거야."

"언제든 그 기분에 대해 말해도 된다는 거죠." 아들이 바로 말을 받았어요.

우리는 둘 다 정말로 기분 좋게 잠자리에 들었어요.

문제 해결 과정이 잘 진행되려면 부모가 먼저 자신의 감정을 추스르며 스스로에게 다음과 같이 말할 수 있어야 한다.

"가능한 한 내 아이를 받아들여주고 아이에게 맞춰주는 거야. 처음 듣는 얘기일지 모를 정보와 감정에 귀 기울여 들어보자."

"비판, 평가, 설교는 하지 말자. 설득하거나 납득시키려고도 하지 말고."

"새로운 아이디어를 떠올려보자. 아무리 과격한 것이더라도."

아이 문제의 99%는 부모의 말에서 시작된다

"시간에 압박 받으면 안 돼. 즉각적 해결책을 내놓을 수 없다면 더 생각하고 더 조사하고 더 많은 얘길 나눠봐야 한다는 의미일 수도 있어."

문제 해결 과정에 도움이 되는 말들

문제 해결의 과정에서 무엇보다 중요한 것은 존중이다. 내 아이와 나 자신을 존중하고, 둘이 함께 좋은 마음으로 머리를 맞댈 때 일어날 수 있는 무한한 가능성을 존중해야 한다. 하지만 각 단계마다 주의해야 할 점도 있다.

먼저 자신에게 다음과 같은 질문을 던져보자. "내가 아직 감정에 들끓고 있는 상태인가, 아니면 이 모든 과정을 시작할 만큼 차분해져 있는가?" 감정이 부글부글 끓어 오를 때는 문제 해결을 위한 벙법을 찾을 수 없다. 그리고 자신의 감정은 물론 아이의 감정도 확인한다. "지금이 얘기하기에 괜찮은 때니?"라고 물어본 다음 아이가 그렇다고 대답하면 다음과 같은 내용에 주의하며 문제 해결 단계를 밟아간다.

아이의 감정에 대해 얘기한다

이 단계에서는 성급하게 굴어선 안 된다. '이 모든 일에 대한 너의 감정을 분명하게 이해하기 위해 진심으로 노력하고 있다'라는 메시지가 전해질 수 있는 태도를 보여주어야 한다. 아이는 부모가 자신의 말을 경청하고 있고 자신이 이해받고 있다고 느낄 때 부모의 감정에도 관심을 기울일 수 있게 된다.

당신의 감정에 대해 얘기한다

이 단계에서는 짧고 분명하게 말해야 한다. 부모가 자신의 걱정이나 분노나 분함을 길게 늘어놓으면 아이는 듣기 힘들어 한다.

아이가 서로 받아들일 수 있는 해결책을 찾도록 이끌어준다

가능하다면 아이가 먼저 몇 가지 아이디어를 내놓게 해준다. 이 단계에서 중요한 점은 아이가 내놓은 아이디어에 대해 평가하거나 의견을 이야기하지 않는 것이다. "음, 그건 안 돼"라고 말하는 순간 문제 해결 과정은 완전히 끝이 나고 그간의 노력이 물거품이 된다. 어떤 아이디어든 기꺼이 받아들여주는 것이 무엇보다 중요하다. 가장 가망 없는 아이디어가 멋진 해결책이 되는 경우도 아주 많다.

"우리가 낸 아이디어를 모두 적어넣자." 이것이 이 단계의 핵심적인 말이다. 아무리 말도 안 되는 생각이라도 모든 아이디어를 적어두면 모두가 문제 해결 과정에 동참했다는 자부심을 느낄 수 있다.

여러 가지 방법 중에서 어떤 것을 실행에 옮길지 결정한다

이 단계에서 중요한 것은 아이의 생각에 "그건 멍청한 생각이야"와 같이 면박을 주는 말을 하지 않도록 주의하는 것이다. 그런 말 대신 다음과 같이 부모의 개인적인 생각을 전하는 것이 좋다.

"내가 마음이 편안하지 않을 것 같은데. 왜냐하면…"

"그건 할 수 있을 것 같아."

결정한 아이디어를 따른다

이 단계에서 중요한 점은 실행 가능한 해결책이 나왔다는 사실에 들뜬 나머지 구체적인 계획은 세우지 않는 것이다. 반드시 다음과 같은 말로 아이와 함께 할 수 있는 세부적인 계획을 만들어야 한다.

"이 계획을 실행하려면 어떤 조치들을 취해야 할까?"

"이것은 누가 책임지고 하는 게 좋을까?"

"이걸 언제까지 끝낼까?"

아이가 당신을 비난하게 내버려두지 않는다

아이: 네. 하지만 그건 잘 안 될 것 같은데요. 왜냐하면 엄마는 맨날… 한 적이 없으니까요.

이런 상황에서는 다음과 같이 부모가 단호한 태도를 보여주는 것이 중요하다.

부모: 지난 일에 대한 얘기는 안 돼. 지금 우리가 집중하고 있는 초점은 미래를 위한 해결책이야!

CHAP
3

부모들이 꼭 알아야 할
윈윈의 말하기 원칙 Q&A

Q. 아직 말을 못 하는 어린아이가 만지면 안 되는 것을 만지면 그 자그마한 손을 찰싹 때려도 괜찮지 않을까요?

단지 아이가 말을 못 한다고 해서 알아듣거나 이해하지도 못하는 것은 아닙니다. 어린아이들은 매일 매순간 배워가고 있어요. 문제는 무엇을 배우고 있느냐입니다. 아이가 무엇을 배울지는 부모의 선택에 달려 있습니다. 부모는 번번이 아이의 손을 찰싹 때리며 아이가 하면 안 되는 것을 배울 방법은 맞는 방법뿐이라는 방식으로 가르침을 줄 수도 있고, 아니면 아이가 지금은 물론이고 평생 동안 활용할 수 있는 정보를 알려주며 한 사람의 어린 인간으로서 존엄성 있게 대할 수도 있어요. 중요한 것은 아이에게 단호하고 분명하게 말해주는 것입니다.

184   아이 문제의 99%는 부모의 말에서 시작된다

"칼은 혀로 핥는 게 아니야. 그러고 싶으면 이 스푼은 핥아도 돼."

"이 도자기 개는 잘못하면 깨져. 네 솜인형은 깨지지 않고."

경우에 따라 같은 말을 몇 번이나 거듭해서 알려줘야 할 수도 있지만, 반복적으로 이야기해주는 것은 반복된 손찌검과는 아주 다른 메시지를 전해줍니다.

Q. 벌주기와 당연한 결과 사이의 차이점이 뭔가요? 같은 것에 대해 표현만 다른 건 아닐까요?

어른들의 관점에서 볼 때, 벌주기란 부모가 교훈을 가르치기 위해 의도적으로 일정 시간 동안 아이의 시간을 빼앗거나 아이에게 고통을 주는 것입니다. 반면에 결과란 아이의 행동에 따른 당연한 결과로 일어나는 일이고요. 예전에 모임의 어떤 아버지가 벌주기와 그 결과 사이의 차이를 요약해 보여주는 경험담을 들려준 적이 있어요. 직접 들어볼까요?

십대 아들이 나에게 남색 스웨터를 빌려달라고 했어요. 새로 산 자기 청바지와 함께 입으면 멋질 것 같다면서요. 그래서 "좋아. 하지만 조심해서 입어야 해"라고 말하며 빌려주었죠. 그 뒤로 잊고 지내다 일주일 후에 그 옷을 입고 싶어서 찾아보니 아들 방의 더러운 빨래감 더미 아래에 깔려 있더군요. 등쪽은 분필 자국투성이고, 앞쪽에는 스파게티 소스 얼룩이 보였어요.

이번이 처음이 아니었기 때문에 정말 화가 났어요. 그래서 바로 그 순간에 아들이 들어왔다면 일요일에 야구장 가는 건 꿈도 꾸지 말라고 소리를 쳤을 거예요. 다행히 조금 화가 가라앉은 후에 아들이 집에 왔고, 그래도 호되게 꾸짖었어요. 아들은 미안하다면서 사과를 늘어놓았어요. 하지만 일주일 후에 다시 옷을 빌려달라고 하더군요. 나는 "어림도 없다"라고 잘라 말했어요. 잔소리도 설교도 없이요. 아들도 그 이유를 알았죠.

그러다 한 달이 지나서 아들이 학교 현장 학습에 입고 가게 체크무늬 셔츠를 빌려달라고 했어요. 그래서 이렇게 말했어요. "잘 들어. 또 빌려주기 전에 글로 확실히 해두어야 안심이 될 것 같구나. 빌려 입은 그 상태 그대로 돌려주겠다는 약속을 받아야겠다." 그날 밤에 전 제 우편 더미 위에서 메모 한 장을 보게 되었어요. 이렇게 써 있었어요.

아빠께,
- -

저에게 셔츠를 빌려주시면 깨끗하게 입고 돌려드리기 위해 할 수 있는 일은 뭐든 다 할게요.
칠판에 기대 서지 않을게요. 볼펜을 호주머니에 넣지도 않을게요.
그리고 점심을 먹을 땐 종이 냅킨을 두르고 먹을 거예요.

사랑을 담아, 마크 드림

아이 문제의 99%는 부모의 말에서 시작된다

나는 아들의 쪽지를 보고 감동했어요. 메모를 쓰느라 그렇게 애를 썼다면 자기가 한 말을 지키기 위해서도 애를 쓸 것 같다는 생각이 들었어요. 셔츠는 이튿날 밤에 옷걸이에 다시 걸려 있었고 상태도 깨끗했어요!

우리에겐 이 이야기가 당연한 결과들이 작동한 사례로 보입니다. 빌려간 물건을 손상된 상태로 돌려준 것에 대한 당연한 결과 중 하나는 주인의 불쾌함이에요. 또 하나의 당연한 결과로서, 주인은 다시는 빌려주고 싶어 하지 않게 되죠. 다시는 그러지 않겠다는 구체적 근거를 보여주면 주인의 마음이 바뀔 수도 있겠지만 변화하는 모습을 보여줄 책임은 분명 빌려가는 사람의 몫이에요. 물건을 빌려주는 사람이 교훈을 가르치기 위해 군이 무언가를 할 필요는 없어요. '너를 위해서'라며 벌을 주기로 작정한 사람보다 사람들의 실제 반응이라는 냉엄한 현실을 통해 훨씬 더 큰 교훈을 배우게 되니까요.

Q. 지난주에 소파에 오렌지 껍질과 씨가 한 무더기 쌓여 있는 걸 보았어요. 나는 아들들에게 "누가 이랬어?"라고 물었죠. 그랬더니 다들 서로를 가리켰어요. 어떤 녀석 짓인지 알아내서 벌을 주는 게 좋은 생각이 아니라면 어떤 방법이 있을까요?

"누가 이랬어?"라고 물으면 자동적으로 "난 아니에요"라고 대답하게 되는 게 보통이에요. 그렇게 되면 "음, 너희 중 하나는 거짓말을 하고 있구나"라는 식으로 이야기를 하게 되죠. 그리고 부모가 진실을 캐려 할수록 아이들은 자신의 결백을 더 크게 항변해요. 아이들이 화가 나는 행동을 했을 때는 범인을 찾아내서 벌을 주기보다 그 화를 표출하는 편이 더 도움이 됩니다.

"나는 음식을 먹고 소파에다 놔둔 걸 보면 너무 화가 나! 오렌지 껍질로 소파에 얼룩이 생기면 지워지지도 않는단 말이야."

그렇게 말하면 다들 "하지만 나는 안 했어요", "쟤 때문에 그랬어요", "걔가 그랬어요", "아기가 그렇게 해놓은 거예요" 같은 소리를 할 수도 있습니다.

이때가 모두에게 다음과 같이 알려줄 기회예요.

"난 누가 이렇게 해놓았는지 관심이 없어. 이미 일어난 일에 대해 누구를 나무랄지 가려내는 것도 관심 없고. 앞으로 너희가 이런 행동을 하지 않는 모습을 보고 싶어서 이러는 거라고!"

꾸짖거나 벌을 주지 않으면 아이들에게 복수가 아니라 책임을 지고 집중할 마음의 여유가 생기게 됩니다.

Q. 벌을 주는 대신 할 수 있는 방법이 못마땅한 기색을 드러내는 것이라고 하시는데, 그렇게 하면 아이가 그날 종일 큰 죄책감을 느끼며 아주 슬퍼 보여서 속이 상해요. 혹시 지나친 걱정일까요?

그렇게 걱정하시는 거 이해해요. 소아정신분석학자 셀마 프레이버그 박사도 "아이는 특정 경우엔 우리의 못마땅함을 느껴야 할 필요가 있다. 하지만 이때 부모가 너무 강하게 반응해 아이가 자신을 쓸모없게 여기고 경멸하게 된다면 그것은 부모로서의 힘을 남용해 아이에게 지나친 죄책감과 자기혐오를 불러일으키고 아이의 성격 발달에 큰 영향을 미칠 수 있는 상황을 만든 셈"이라고 말했습니다 .

따라서 가능할 때마다 부모의 못마땅한 감정과 함께 아이가 개선되도록 도와줄 방향을 가르쳐주어야 합니다. 아이에게는 후회를 느끼고 나서 스스로에 대한 좋은 감정을 회복해 다시 자신을 존중받고 책임감 있는 가족 일원으로 여길 기회가 필요하고, 부모는 아이들에게 그런 기회를 줄 수 있습니다. 다음의 몇 가지 사례를 볼까요?

"또 아기를 울리면 어떡해. 너 좀 맞아야지 안 되겠다"라고 말하기보다 "너무 화가 나! 네가 딸랑이를 빼앗기 전까지 아기가 즐겁게 놀고 있었단 말이야. 이젠 네가 아기의 울음을 그치게 할 방법을 찾아주면 좋겠어!"라고 이야기해주는 것이 좋습니다.

"내일 밤에 외출할 생각은 하지도 마. 그렇게 벌을 받으면 너도 약속을 지킬 줄 알겠지" 같은 말보다는 "집에 왔더니 싱크대에 설거지도 안 한 그릇이 쌓여 있는 걸 보니 정말 속상해. 네가 설거지하기로 약속했잖아. 잠자기 전까지 설거지를 마치고 그릇들을 모두 정리해두면 좋겠어!"라는 말이 더 도움이 됩니다.

"눈이 있으면 너도 이 꼴을 좀 보라구. 오늘밤엔 게임 금지야!"라고 말하지 말고, "가루비누 한 상자를 다 욕실 바닥에 뿌려놓으면 어떡해! 이렇게 어질러져 있는 걸 보니 화가 치민다. 가루비누는 놀잇감이 아니야! 봉투, 빗자루, 쓰레받기가 있어야겠다. 온 집안에 날려 난장판이 되기 전에"라고 말해보세요.

이렇게 말해주면 아이에게 "나는 네가 한 행동이 마음에 들지 않

아. 그리고 네가 책임지고 처리하길 기대해"라는 메시지를 전하게 됩니다. 아이가 어른이 되어 후회할 만한 일을 저지른 다음에도 "난 정말로 쓸모없는 인간이야. 벌을 받아도 싸"라고 생각하기보다는 "이상황을 다시 바로잡기 위해 내가 뭘 할 수 있을까?"라고 생각을 하게 되는 것이 바로 우리의 바람입니다.

Q. 나는 더 이상 아들에게 벌을 주진 않지만 이제는 잘못을 했을 때 나무라면 아들이 "죄송해요"라고 말한 뒤에 다음 날 또 똑같은 잘못을 해요. 어떻게 하면 좋을까요?

어떤 아이들은 죄송하다는 말을 부모의 화를 누그러뜨리기 위한 방법으로 사용합니다. 빠르게 사과하고는 또 그만큼 빠르게 잘못된 행동을 반복하죠. 이런 아이들의 경우에는 진심으로 미안하다면 뉘우치는 감정을 행동으로 옮겨야 한다는 사실을 깨닫는 게 중요합니다. '반복되는 잘못'에 대해서는 다음과 같이 말해주는 것이 좋습니다.

"죄송하다는 말은 다르게 행동하겠다는 뜻이야."

"죄송하다는 말은 달라지겠다는 뜻이야."

"네가 죄송하다고 말하니 기쁘다. 그게 첫걸음이니까. 그다음 걸음은 그 죄송한 점에 대해 뭘 할 수 있을지 스스로에게 묻는 거야."

Q. 아이와 함께 동의한 계획이 한동안은 잘 되다가 흐지부지되면 그땐 어떻게 하나요?

그럴 때가 우리의 결단력을 시험해볼 시점이에요. 다시 설교와 벌

아이 문제의 99%는 부모의 말에서 시작된다

주기로 돌아갈 수도 있고 처음부터 다시 시작할 수도 있어요. 다음과 같이 해보세요.

> 부모: 우리가 함께 생각한 방법이 이제는 잘 실행되지 않는 것 같아서 실망이야. 그래서 내가 계속 네가 할 일을 하게 되는데, 앞으로도 계속 그럴 수는 없을 것 같구나. 다시 계획을 세워볼까? 우선 계획을 실천하는 데 방해가 되는 문제를 얘기해볼까, 아니면 다른 해결책을 생각해볼까?

어른인 우리는 영원히 통하는 해결책이 드물다는 사실을 잘 알고 있습니다. 아이가 네 살 때는 효과적이었던 방법이 다섯 살이 된 지금은 효과적이지 않을 수 있고, 겨울에 효과적이었던 방법이 봄에는 효과적이지 않을 수도 있습니다. 삶은 끊임없는 적응과 재적응의 연속입니다. 무엇보다 중요한 것은 아이가 계속해서 자신을 문제가 아닌 해결책에 일조하는 사람으로 여길 수 있도록 도움을 주는 것입니다.

Q. 문제를 해결하기 위해서는 꼭 5단계를 다 거쳐야 하나요?

그렇지 않아요. 문제는 도중의 어떤 단계에서든 해결될 수 있습니다. 때로는 그냥 충돌하는 서로의 필요성을 설명하는 것만으로도 아주 빠르게 해결될 수도 있어요. 다음이 그런 사례입니다.

엄마: 진짜 문제는 이거야. 너는 내가 지금 널 데리고 가서 운동화를 사주기를 바라고 있어. 나는 빨랫감을 분류하고 싶고, 그런 다음엔 저녁도 준비해야 해.

아이: 빨랫감은 제가 정리할 수 있을 것 같아요. 그동안 엄만 나갈 준비를 하시면 되잖아요. 그리고 나갔다 집에 돌아오면 제가 저녁 준비를 도울게요.

엄마: 그래, 그러면 되겠다.

Q. 모든 단계를 거쳤는데도 여전히 둘 다 동의할 수 있는 해결책이 나오지 않으면 그땐 어쩌죠?

그런 상황은 언제든지 생길 수 있습니다. 하지만 그렇다고 해서 잃는 건 없어요. 문제를 논의하면서 두 사람 모두 서로의 필요에 더 신경을 쓰게 되었으니까요. 어려운 상황에서는 그 정도가 최선입니다. 그리고 해결책에 이르기까지 생각할 시간이 더 필요한 문제도 있다는 걸 기억해두세요.

Q. 아이가 같이 앉아 문제 해결에 나서지 않으려고 하면 어쩌죠?

이런 방법을 불편해하는 아이들도 있습니다. 이런 아이들에게는 함께 앉아서 해결 방법을 이야기하는 것보다 메모를 활용하는 것이 효과적일 수 있습니다.

Q. 이 방법은 비교적 나이를 먹은 아이들에게나 효과적인 방법이

아이 문제의 99%는 부모의 말에서 시작된다

아닐까요?

어린아이를 둔 부모들도 이 방법을 사용해서 도움을 받았다는 사례가 많습니다. 이 방법은 다양한 연령대의 아이들에게 활용할 수 있습니다. 두려워하지 말고 아이들에게 먼저 다가가보세요.

How To Talk So
Kids Will Listen

PART
4

의존적인 아이에게
자립심을 심어주는
부모의 말

　대부분의 자녀양육서는 부모의 가장 중요한 목표 중 한 가지로 아이가 부모와 분리되어 독립적으로 생활하도록 도와주는 일을 꼽는다. 언젠가 부모 없이 혼자 힘으로 제 역할을 할 수 있는 독립적인 개인이 되도록 도와줄 것을 강조하며 아이를 부모의 분신처럼 여기거나 자신과 다름없는 존재로 여기지 말고 다른 성격, 다른 취향, 다른 감정, 다른 욕구, 다른 꿈을 가진 독자적 인간으로 생각하며 한 걸음 떨어져 지켜봐줄 수 있어야 한다고 말한다.

　그런데 아이가 개별적이고 독자적인 사람이 되도록 하기 위해서 과연 부모는 어떤 도움을 줄 수 있을까? 이런저런 일을 스스로 해보게 하고, 자신의 문제를 붙잡고 씨름해보도록 지켜봐주고, 자신의 실수를 통해 배우게 해주면 된다.

아이는 실수를 통해 배운다

아이가 실수를 통해 스스로 배우는 것을 지켜봐준다는 것은 말은 쉽지만 실천하는 것은 결코 쉽지 않다. 나 역시 경험을 통해 그 사실을 누구보다 잘 알고 있다. 첫 아이가 신발끈을 묶느라 끙끙거리는 모습을 10초 정도 참고 지켜보다 허리를 숙여 대신 묶어주었던 적이 있다. 그리고 딸아이가 친구와 말다툼을 했다고 털어놓았을 때는 가만히 아이의 이야기를 들어주고 공감해주기보다는 바로 끼어들어 충고를 해주었다.

아이들을 그냥 처음부터 내 말만 잘 들으면 되도록 키웠으니 내가 어떻게 아이들에게 실수를 저지르고 실패를 겪도록 놔둘 수 있었겠는가?

그리고 이런 생각이 들지도 모른다. "아이가 신발끈을 묶게 도와주거나 친구와의 다툼을 해결할 방법을 알려주거나, 실수를 하지 않게 살펴주는 일이 뭐 그리 큰일 날 일이라는 거야? 어쨌거나 아이들은 나이도 어리고 경험도 적잖아. 주변의 어른들에게 정말 의존하고 있다고."

문제는 한 사람이 다른 사람에게 계속 의지하면 특정 감정이 생긴다는 것이다. 그것이 어떤 감정인지 분명하게 해두기 위해 다음의 상황에서 부모들이 일반적으로 하는 말들을 읽으면서 어떤 반응을 보일지 적어보자.

상황 1

당신은 네 살이다. 하루를 보내던 중 당신의 부모님에게 이런 말들을 듣게 된다.

"콩 먹어. 채소를 먹어야 몸에 좋아."

"이리 와, 내가 대신 지퍼 채워줄게."

"피곤하구나. 누워서 좀 쉬어."

"걔랑 놀지 마. 나쁜 말을 쓰는 안 좋은 애야."

"정말 화장실에 안 가도 돼?"

당신의 반응:_____

_____

_____

상황 2

당신은 아홉 살이다. 하루를 보내는 중에 부모님이 당신에게 다음과 같은 말들을 한다.

"그 재킷은 안 입는 게 좋겠어. 녹색은 너한테 안 어울려."

"그 병 이리 줘. 내가 뚜껑 따줄게."

"내가 네가 입을 옷들 꺼내놨어."

"숙제하는 거 도와줄까?"

아이 문제의 99%는 부모의 말에서 시작된다

당신의 반응: _____

_____

_____

상황 3

열일곱 살이 된 당신에게 부모님이 다음과 같은 말을 한다.

"운전은 배우지 않는 게 좋겠어. 사고가 날까 봐 걱정이 되거든. 가고 싶은 데가 있으면 내가 태워다줄게."

당신의 반응: _____

_____

_____

상황 4

성인인 당신에게 회사 사장이 이렇게 말한다.

"자네를 위해 해줄 말이 있네. 이곳의 문제들을 개선할 방법을 제안하는 건 그만하게. 그냥 자네 할 일을 해. 나는 자네의 아이디어를 들으려고 월급을 주는 게 아니야. 일을 하라고 주는 거야."

당신의 반응: _____

_____

_____

상황 5

당신은 신생국의 시민이다. 국제 회의에서 부유한 강국에서 온 고위 인사가 다음과 같이 말하는 것을 듣고 있다.

"여러분의 나라가 아직 걸음마 단계에 있는 개발도상국인 만큼 우리는 여러분에게 뭐가 필요한지 잘 알고 있습니다. 그래서 전문가들과 자료를 보내 농장, 학교, 사업체, 정부 등의 운영 방법을 알려줄 계획에 있습니다. 그와 더불어 출생률을 낮추는 데 도움이 되어줄 가족 계획 전문가들도 보내주려 합니다."

당신의 반응:_____

_____

_____

부모가 대신 해줄 때 느끼는 것은 고마움이 아닌 무력감이다

아마 지금 위에 적은 감정을 당신의 아이가 느끼기를 바라지는 않을 것이다. 하지만 누군가를 계속 의지하고 의존하게 될 경우 약간의 고마움을 느끼기도 하겠지만, 보통은 무력감, 무가치한 느낌, 분함, 좌절, 분노의 감정들을 더 크게 느끼기 마련이다. 이 슬픈 진실은 부모에게 딜레마가 아닐 수 없다. 한편으로 보면 아이들은 분명 부모에게 의존해야만 안전하게 생활하고 생명을 유지할 수 있다. 나이가 어리고 미숙해서 부모가 대신 해줘야 할 것도, 말해주고 알려줘야 할 것도 아주 많다. 또 한편으로 보면 아이들의 그런 성향이 부모에 대한 적대감을 가져오기도 한다.

다행히 매일매일의 일상 속에서 아이들의 자율성을 북돋워줄 기회를 찾을 수 있다. 다음은 아이들이 부모에게 의지하지 않고 자립적으로 성장할 수 있는 방법들이다. 잘 살펴보고 우리 아이에게 적용할 수 있는 방법을 생각해보자.

아이의 자율성을 키워주는 방법
- 아이에게 스스로 선택할 기회를 준다.
- 혼자서 열심히 애쓰는 아이의 노력을 존중해준다.
- 너무 많은 질문을 하지 않는다.
- 아이의 질문에 즉각 대답해주지 않는다.
- 아이가 집 밖에서 도움을 얻을 수 있도록 한다.
- 희망을 빼앗지 않는다.

◆ 아이 스스로 선택하게 한다 ◆

스스로 판단을 내리는 경험을 많이 해보지 않은 아이들은 나중에 성인이 되어 다양한 선택의 상황에서 어려움을 겪을 수 있다.

♦ 아이가 혼자서 노력하는 모습을 지켜보며 존중해준다 ♦

아이는 자신이 열심히 노력하는 것에 대해 존중받으면 용기를 내서 혼자 힘으로 끝까지 해내려 한다.

◆너무 많은 질문을 하지 않는다◆

아이에게 너무 많은 질문을 하면 사생활을 침범하는 것처럼 느껴질 수 있다. 아이 스스로 하고 싶을 때 말을 꺼낼 수 있도록 시간을 주는 것이 좋다.

♦ 아이의 질문에 즉각 대답하지 않는다 ♦

아이들이 질문을 할 때는 먼저 스스로 답을 찾아볼 기회를 주는 것이 좋다.

♦ 아이가 가정 외의 정보원을 활용하도록 북돋워준다 ♦

아이들이 부모에게만 전적으로 의존하지 않아도 된다는 사실을 깨달을 필요가 있다. 가정 밖의 세상(애완동물점, 치과, 학교, 상급생)에도 문제 해결을 위해 도움을 요청할 수 있다는 것을 알게 해 주는 것이 중요하다.

◆ 희망을 빼앗지 않는다 ◆

희망을 주는 말 희망을 빼앗는 말

아이가 실망하지 않게 보호하려다가 오히려 아이가 꿈과 희망을 품고 노력하지 못하게 만들어버릴 수도 있다.

자립적인 아이로 키우기 위한 대화 연습

앞에서 살펴본 방법들은 누구나 알고 있는 쉬운 것처럼 생각되지만, 이런 방법 중에서 쉽게 실천할 수 있는 것은 없다. 아이의 자립성을 키워주는 방식으로 이야기하기 위해서는 결단력과 연습이 필요하다.

이번 연습 문제에서는 부모들이 전형적으로 하는 말 여섯 가지가 나온다. 각각의 말을 아이의 자율성을 북돋워줄 수 있는 말로 바꾸어보고, 자신의 아이에게도 적용해보자.

원래의 부모 말	아이가 느끼는 감정
1. 지금 가서 목욕해.	1. (선택권을 준다.)
2. 신발을 신는 데 왜 이리 오래 걸리니? 발 올려봐. 엄마가 대신 신겨줄게.	2. (아이의 노력을 존중해준다)
3. 오늘 캠프활동 재밌었어? 수영했어? 다른 애들은 좋았어? 지도 선생님은 어땠어?	3. (너무 꼬치꼬치 묻지 않는다.)

아이 문제의 99%는 부모의 말에서 시작된다

4. 아이: 아빠는 왜 맨날 일하러 가야 해요?	4. (물음에 바로바로 답해주지 않는다.)
5. 부모: 아빠가 맨날 회사야 가야 하는 이유는 우리가 이렇게 좋은 집에서 맛있는 음식을 먹고 예쁜 옷을 입을 수 있게 해주려는 거야. 그리고 또….	5. (가정 밖에서 정보를 얻도록 도와준다.)
5. 십대 아이: 살이 너무 쪘어요. 다이어트식을 하고 싶어요. 뭘 먹어야 해요?	6. (희망을 뺏지 않는다.)

자립심을 키워주는 말 vs. 의존을 부추기는 말

아이의 자립심을 키워주는 방법에는 지금 살펴본 여섯 가지 방법 외에도 여러 가지가 있다. 이 책에서 지금까지 살펴본 모든 방법이 아이가 스스로를 자존감 높고, 책임감 있으며, 능력 있는 사람으로 바라보는 데 도움이 된다. 부모가 아이의 감정에 귀를 기울여주거나 아이에게 부모의 감정을 이야기해주는 모든 순간, 문제를 해결하기 위해 함께 대화를 나누는 모든 과정이 아이의 자립심을 키워주는 과정이다.

나는 어린 시절 할머니가 이웃집 아주머니를 보고 감탄하면서 했던 말을 생생하게 기억하고 있다. 할머니는 그 아주머니를 보고 "그 여자는 아주 훌륭한 엄마야. 아이를 대신해서 해주려 하지 않니!"라고 말했다. 할머니의 말을 들을 이후 나는 좋은 엄마는 자식을 대신해 많은 것을 '해주는' 엄마라고 믿으며 자랐다. 한 걸음 더 나아가 나는 아이를 대신해 많은 것을 '해주었을' 뿐만 아니라 아이 대신 생각해주기도 했다. 그 결과는 어땠을까? 매일같이 온갖 사소한 문제를 놓고 아이와 갈등하며 나는 물론이고 아이도 감정이 상하곤 했다.

그러다가 마침내 아이의 할 일은 아이가 책임지도록 해야 한다는 것을 깨닫게 된 후로 아이들에 대한 마음이 흔들릴 때마다 스스로에게 이렇게 묻곤 했다.

"이 경우에서는 나에게 선택의 여지가 있을까?"

"지금 내가 대신 해줘야 할까, 아니면 아이에게 맡겨도 괜찮을까?"

다음의 연습 문제에서는 부모들이 흔히 불안해하거나 끼어들게 되는 상황이 묘사되어 있다. 각 상황을 읽어보며 자신에게 다음과 같이 물어보자.

- 아이가 부모에게 계속 의존하게 하려면 어떻게 해야 할까?
- 아이의 자립심을 키워주기 위해서는 어떻게 해야 할까?

아이: 오늘 학교에 지각했어요. 내일은 더 일찍 깨워주셔야 해요.

의존을 부추기는 부모의 반응: _____

_____

자립심을 키워주는 부모의 반응: _____

_____

아이: 계란도 싫고 차가운 시리얼도 질려요. 이제 아침 안 먹을 거예요.

의존을 부추기는 부모의 반응: _____

_____

자립심을 키워주는 부모의 반응: _____

_____

아이: 밖에 추워요? 스웨터 입어야 해요?

의존을 부추기는 부모의 반응: _____

_____

자립심을 키워주는 부모의 반응: _____

_____

아이: 에휴, 단추 못 채우겠어요.

의존을 부추기는 부모의 반응: _____

_____

자립심을 키워주는 부모의 반응: _____

_____

아이: 나는 지금부터 말을 사기 위해 용돈을 모을 거예요.

의존을 부추기는 부모의 반응: _____

_____

자립심을 키워주는 부모의 반응: _____

_____

아이: 벳시가 파티에 오라고 초대했는데, 함께 초대받은 아이들
중에 제가 싫어하는 애들이 많아요. 어떻게 할까요?

의존을 부추기는 부모의 반응: _____

_____

자립심을 키워주는 부모의 반응: _____

_____

아이 문제의 99%는 부모의 말에서 시작된다

자립심을 키워가는 아이를 위해
부모가 감당해야 하는 것

아이에게 자립심을 키워주는 것은 결코 쉬운 일이 아니다. 머리로는 아이의 자립심이 중요하다는 사실을 이해하더라도 부모의 내면에는 무조건 모든 것을 해주고 싶은 마음이 자리 잡고 있다. 부모들의 그런 마음에는 두 가지 이유가 있다.

첫 번째는 편리함 때문이다. 모든 것이 더디고 서툰 아이들이 모든 과정을 겪으며 성장하기를 기다려주기보다 대신 해주는 것이 훨씬 빠르고 편한 것이 사실이다. 또 다른 이유는 아이와의 강한 유대감 때문이다. 종종 부모들은 아이의 실패를 자신의 실패로 여기는 경우가 있다. 아이가 실망이나 고통을 경험하지 않도록 충고를 해주고 도움을 줄 수 있는 상황에서도 아이가 쩔쩔매고 실수하는 걸 그냥 두고 보는 것은 힘든 일이다.

따라서 부모가 아이의 일에 미리 개입하지 않기 위해서는 상당한 자제력과 자기단련이 필요하다. 아이가 고민하고 있는 문제에 대한 답을 알고 있다는 확신이 들 때 아이 대신 해주고 싶은 마음을 꾹 참는 것은 더욱 힘들다. 나 또한 지금까지도 내 아이들 중 누가 "엄마, 제가 어떻게 하는 게 좋을까요?"라고 물으면 내가 생각하는 답을 바로 말해주지 않고 참으려면 많은 노력이 필요하다.

하지만 부모와 아이가 분리되는 것을 방해하는 훨씬 더 큰 문제가 있다. 바로 아이에게 전적으로 필요한 존재가 되었을 때 느끼는 만족감이다. 이런 까닭에 아이가 부모에게서 벗어나 자립심을 키울수록 부모는 여러 가지 엇갈린 감정을 느끼기도 한다. 내가 어떤 유치원 선생님에게 들은 재미있는 이야기가 있다.

그 선생님은 한 젊은 엄마에게 아이와 교실에 같이 있어주지 않아도 괜찮을 거라고 납득시켰던 적이 있다고 했다. 그 엄마가 교실을 나가고 난 후 얼마 지나지 않아 그 엄마의 아이인 조나단이 화장실에 가야 할 것 같은 기색을 보였다. 선생님은 조나단에게 화장실에 다녀오라고 말해주었지만, 조나단은 불만족스러운 투로 중얼거렸다.

"못 가요."

"왜 못 가는데?" 선생님이 물었다.

"엄마가 여기에 없어서요. 제가 볼일을 마치면 엄마가 박수를 쳐줘야 하는데." 조나단이 이유를 말했다.

선생님은 잠시 생각을 한 후 말했다.

"조나단, 화장실에 가서 볼일 보고 네가 박수를 치면 되잖아."

조나단이 눈을 동그랗게 뜨고 쳐다봤다. 선생님은 조나단을 화장실에 데려다준 후 기다렸다. 몇 분 후, 닫힌 문 안에서 박수 소리가 들렸다.

그날 저녁에 조나단의 엄마가 전화를 걸어왔고, 조나단이 집에 와서 가장 먼저 한 말이 "엄마, 저 혼자서 박수 칠 수 있어요. 이제 엄마가 없어도 돼요!"였다는 말을 전했다. 하지만 엄마는 아이의 그 말을 듣고 울적한 기분이 들었다고 한다.

아이가 발전해가는 모습에 자랑스러움을 느끼고 자립성을 키워

아이 문제의 99%는 부모의 말에서 시작된다

가는 모습에 기뻐하면서도 자신이 더 이상 필요하지 않다는 것에 대한 아픔과 공허함을 느낄 수도 있다.

부모들의 여정은 달콤쌉쌀한 길을 걷는 일이다. 한 작고 무력한 인간에게 완전한 헌신을 쏟는 것으로 여정을 시작해 수년의 세월에 걸쳐 걱정하고, 계획을 짜고, 안심시켜주고, 이해하려 애쓴다. 사랑과 노고와 지식과 경험을 베풀어준다. 어느 날 아이가 정신력과 자신감을 갖추고 우리 곁을 떠날 수 있도록.

• 아이에게 선택을 하게 해준다

"회색 바지 입고 싶어, 빨간색 바지 입고 싶어?"

• 아이가 쩔쩔매면서 해보려는 노력을 존중해준다.

"병은 따기가 힘들 수 있어. 가끔은 뚜껑을 수저로 툭툭 치면 도움
이 되기도 해."

• 너무 꼬치꼬치 묻지 않는다.

"우리 딸(아들) 보니 좋네. 어서 와."

• 물음에 바로바로 대답해주지 않는다.

"흥미로운 질문이네. 넌 어떻게 생각하는데?"

• 가정 외의 정보원을 활용하게 북돋워준다.

"애완동물점 사장님에게 조언을 받아보는 게 어떨까?"

• 희망을 뺏지 않는다.

"그래, 주연을 해보고 싶구나. 그러면 경험도 쌓을 수 있고 좋겠다."

과제

1. 아이에게 개별적이고 능력 있고 자립적인 사람으로서의 자아감을 북돋울 만한 기술을 적어도 두 가지 정도 실천해본다.

2. 아이가 어떤 반응을 보였는가?

_____

_____

3. 아이가 스스로 해보기 시작할 만한데도 아이 대신 계속 해주고 있는 일이 있는가?

_____

_____

4. 어떻게 하면 아이가 버거움을 느끼지 않고도 스스로 책임을 지도록 할 수 있을까? (대부분의 아이들은 "너도 이젠 다 컸어. 이제는 혼자 옷 입고 혼자 밥 먹고 혼자 침대를 정리할 만큼 컸어" 같은 말에는 잘 반응하지 않는다.)

_____

_____

아이의 자립심을 키워주는
부모의 말

아이와 나누는 일상적인 대화로도 충분히 아이에게 자립심을 키워줄 수 있다. 또한 부모가 무심코 하는 소소한 행동도 자립적인 아이가 될지 아니면 의존적인 아이가 될지 여부에 큰 영향을 미치기도 한다. 여기서 소개하는 다양한 사례를 통해 자기 주도적인 아이로 키우기 위해 부모가 할 수 있는 것은 무엇인지 생각해보자.

고집 부리는 아이에게 명령 대신 해줄 수 있는 말

아이에게 우유를 반 병만 먹고 싶은지 한 병을 다 먹고 싶은지, 토스트를 살짝만 구울지 바짝 구울지 등을 물어보는 일이 사소한 일 같

아이 문제의 99%는 부모의 말에서 시작된다

겠지만 아이에게는 그 하나하나의 작은 선택이 자신의 삶에 대한 통제력을 발휘할 기회가 되는 셈이다. 하지만 부모는 매일 아이에게 해주어야 할 일이 너무 많기 때문에 아이에게 선택권을 주기보다는 다음과 같은 명령조의 말로 빨리 상황을 해결하려 한다.

"약 먹어야 돼."

"탁자 두드리지 마"

"이제 가서 자."

아이에게 자신의 행동에 대한 선택권을 주는 것만으로도 아이의 화를 줄이기에 충분할 때가 아주 많다.

"네가 이 약 얼마나 먹기 싫어하는지 나도 알아. 사과 주스랑 같이 먹으면 더 먹기 쉬울 것 같아?"

"탁자 두드리는 소리 때문에 정말 신경이 거슬려. 그만 두드리고 가만히 있든가 네 방에 가서 두드려. 둘 중에 네가 결정해."

"지금은 엄마랑 아빠가 얘기 나눌 시간이고 너는 잠을 잘 시간이야. 지금 가서 자고 싶어, 아니면 침대에서 잠깐 놀다가 이불 덮고 잘 준비가 되면 우리를 부를래?"

이런 방법을 사용하는 걸 불편하게 느끼는 부모들도 있다. 강요된 선택은 좋은 선택이 아니며 아이를 구속하는 또 하나의 방법이 될 뿐이라는 것이다. 이런 반대 의견도 이해할 만하다. 그렇다면 한 가지 대안으로서, 모든 사람이 받아들일 수 있는 방법을 아이가 직접 생각해서 내놓을 수 있도록 유도해주는 방법도 있다. 다음은 한 아버지가 우리에게 들려준 얘기다.

아내와 내가 세 살인 토니와 갓난쟁이를 데리고 막 도로를 건너려고 할 때였어요. 토니는 우리가 자기 손을 잡고 다니는 걸 싫어해서 기를 쓰고 손을 빼내려고 하는 녀석인데, 가끔은 도로 한복판에서도 손을 빼려고 안간힘을 쓰죠. 그래서 우리는 도로를 건너기 전에 말해줬어요. "토니, 아빠가 보기엔 너에겐 두 가지의 선택이 있어. 엄마의 손을 잡거나, 내 손을 잡거나 할 수 있어. 아니면 너에게 안전하게 길을 건널 다른 아이디어가 있을 수도 있고."

토니가 잠깐 생각해보다 대답했어요.

"유모차 잡을래요."

우리는 아이의 선택을 존중해주었어요.

나는 더 이상 아들과 아침에 어떤 옷을 입을지를 놓고 씨름하지 않게 되었어요. 아들이랑 스웨터나 점퍼 중에 어떤 것을 입을지를 가지고 벌이던 그 실랑이를 드디어 끝낸 거죠. 나는 아들에게 이렇게 말했어요.

"샘, 내가 생각을 해봤는데 이젠 매일 내가 어떤 옷을 입으라고 말하는 대신 네가 스스로 정할 방법이 있을 것 같아. 같이 도표를 만들어놓고 그날의 기온에 따라 어떤 옷을 입을지 정하자."

그리고는 아들과 함께 다음과 같은 도표를 만들었어요.

21도 이상: 스웨터 입지 않기

10도에서 20도 사이: 스웨터 입을 날씨

9도 이하: 두꺼운 점퍼를 입기

그렇게 도표를 만들고 난 뒤 큼지막한 온도계를 사서 바깥의 나무에 걸어뒀어요. 이제는 아들이 매일 아침 그 온도계를 보면서 더는 입씨름을 벌일 일이 없어졌어요.

지퍼를 대신 채워주기보다
지퍼 채우는 요령을 알려주기

과거에는 아이에게 "한 번 해봐. 쉬운 일이야"라고 말해주며 어떤 일을 해보도록 하는 것이 아이를 격려하는 거라고 생각했다. 하지만 사실 이런 말은 아이에게 격려가 되지 않는다. 아이는 '쉬운' 일을 잘 해내도 그다지 성취감을 느끼지 못하고, 잘 못했을 경우에는 자신을 간단한 일도 못 해내는 사람으로 여기기 쉽다.

반면에 "이건 쉬운 일이 아니야"나 "어려울 수도 있어"라고 말해주면 아이는 스스로에게 다른 메시지를 전한다. 잘 해낼 경우 어려운 일을 해냈다는 생각에 자부심을 느낄 수 있다. 잘 못해내면 적어도 그 일이 힘든 일이었다는 점을 알게 된 것에 만족해한다.

"그건 어려울 수도 있어"라는 말이 기만적으로 느껴진다는 부모들도 있다. 하지만 미숙한 아이의 관점에서 보면 새로운 것을 해볼 때 처음 몇 번은 정말 힘들다는 것을 깨닫게 된다. 그저 공감만 해준 채 아이가 쩔쩔매는 모습을 옆에서 가만히 지켜보는 게 견디기 힘들다고 하소연하는 부모들도 있다. 하지만 나서서 아이의 일을 대신 해주기보다는 도움이 될 만한 조언을 해주는 것으로 충분하다.

"지퍼를 끼울 때 끝까지 밀어 넣었다가 올리면 더 잘 될 때도 있어."
"점토를 굴려서 말랑말랑한 공처럼 만든 다음에 해보면 더 잘 될 때도 있어."
"자물쇠의 손잡이를 몇 번 돌려주고 나서 다시 다이얼을 맞춰보면 더 잘 될 때도 있어."

우리가 '더 잘 될 때도 있어'라고 표현하는 이유는 그 방법이 도움이 안 되더라도 아이가 열등감을 느끼지 않게 해주기 때문이다.

그렇다고 아이가 할 수 있는 일을 부모가 절대 대신 해줘서는 안 된다는 말은 아니다. 부모라면 누구나 아이가 지칠 때나 관심이 더 필요할 때, 심지어 응석을 좀 받아줘야 할 때를 알아차릴 수 있을 것이다. 자기 혼자 거뜬히 해낼 수 있는 경우에도 누군가가 대신 머리를 빗겨주거나 양말을 신겨주면 큰 위안이 될 때도 있다. 부모로서 우리의 기본 방향은 아이가 스스로를 책임질 줄 알도록 돕는 것이라는 사실을 알고 있다면 가끔은 마음 편하고 즐겁게 '아이 대신 해주는' 것도 괜찮다.

저는 15개월 된 앨리사를 키우면서 앨리사에게 밥을 먹을 때마다 작은 탁자에 아이의 컵을 놓아주는데, 딸이 처음 물을 엎질렀을 때 그 물을 가리키며 키친타월로 닦아내는 걸 보여줬어요. 이제는 아이가 엎지를 때마다 키친타월을 가리키며 자기가 닦으려고 해요. 어제는 키친타월을 꺼내놨더니 자기가 알아서 치우고 나서 저에게 보여주지 뭐예요!

"오늘 재미있게 놀았어?"라는 말이 부담이 되는 이유

"어디 갔었어?", "밖에요", "뭐했는데?", "아무것도 안 했어요"라는 전형적 대답은 그냥 하는 말이 아니다. 아이들이 대답할 준비가 안 되었거나 대답할 생각이 없는 질문을 피하기 위한 방어 전략이다. 또 다른 방어 전략으로 "몰라요"와 "저 좀 가만히 내버려두세요"도 있다.

한 엄마는 아들에게 이것저것 묻지 않으면 좋은 부모가 아닌 것처럼 느껴진다고 털어놓았다. 그러다 질문 공세를 멈추고 아들이 말을 할 때 관심 있게 들어주었더니 아들이 자신에게 마음을 열기 시작했다며 놀라워했다. 그렇다고 아이에게 절대 질문을 해서는 안 된다는 의미는 아니다. 여기에서 중요한 점은 당신의 질문으로 일어날 만한 영향에 신경을 쓰는 것이다.

또한 "오늘 재미있게 놀았어?"와 같이 부모들이 흔히 하는 질문은 압박처럼 느껴질 수 있다는 사실을 인식해야 한다. 이런 식으로 질문을 하면 아이는 큰 압박감을 느끼게 된다. 파티에 가야 했던 부담에다 재미있게 놀아야 할 기대까지 짊어지게 될 뿐만 아니라 재미있게 놀지 않았다면 본인의 실망에 더해 부모님의 실망까지 감당해야 한다. 재미있는 시간을 보내지 않아 부모님을 실망시켰다는 기분까지 떠안게 되기 때문이다.

답을 알려주기보다
"네 생각은 어때?"라고 물어봐주기

아이들은 자라는 동안 대답하기 당황스러운 갖가지 질문을 한다.
"무지개가 뭐예요?"
"아기는 왜 자기가 왔던 데로 다시 돌아갈 수 없어요?"
"사람은 왜 원하는 대로 다 할 수 없어요?"
"꼭 대학에 가야 해요?"
부모들은 대개 이런 질문에 곤혹감을 느끼며 바로 적절한 대답을 해주기 위해 머리를 이리저리 굴린다. 그런데 스스로에게 이런 식의 압박을 가할 필요가 없다. 대개 아이가 무언가를 물어볼 때는 이

아이 문제의 99%는 부모의 말에서 시작된다

미 그 답에 대해 어느 정도 생각을 한 상태이다. 아이에게 필요한 건 공명판 역할을 해주며 자기 생각을 더 탐색해보게 도와줄 어른이다. 그래도 여전히 답을 알려줄 필요가 있어 보이면 어른이 나중에 '옳은' 답을 알려줄 시간은 언제든 있다.

바로 대답을 해준다고 해서 아이에게 큰 도움이 되는 것도 아니다. 오히려 아이의 정신 활동을 우리가 대신 해주는 셈이다. 아이의 궁금증을 상기시키며 스스로 좀 더 알아보도록 도와주는 편이 훨씬 더 도움이 된다. 다음과 같이 아이가 한 질문을 되물을 수도 있다.

"그게 궁금하구나."

"넌 어떻게 생각하는데?"

다음과 같이 질문을 한 아이를 인정해줄 수도 있다.

"중요한 질문을 했구나. 그건 수백 년 전부터 철학가들이 물었던 질문이야."

서둘러 답을 찾아주기 위해 동분서주할 필요는 없다. 아이에게는 답을 찾는 과정 역시 답 자체만큼 중요하다.

사례

나는 아들의 질문에 대신 대답해주지 않는 개념에 익숙해질 필요가 있어요. 그런데 아들도 좀 익숙해져야 할 것 같아요. 지난주에 이런 일이 있었거든요.

존: 원자폭탄 만드는 방법 알려주세요.

나: 그거 참 흥미로운 질문이구나.

존: 그럼 알려주세요.

나: 생각을 해봐야겠는데.

존: 지금 생각해보고 말해주세요.

나: 그건 안 돼. 그러지 말고 답을 얻는 데 도움을 줄 수 있는 사람이나 자료를 생각해보자.

존: 도서관에 가서 찾아보고 싶지 않아요. 그냥 알려주세요!

나: 나도 도움이 없이는 그 질문에 답을 해줄 수가 없어, 존.

존: 그럼 아빠한테 물어볼래요. 아빠가 모른다고 하면 옆집의 윌리엄 형에게 물어볼 거예요. 그런데 윌리엄 형이 바보 엄마보다 더 잘 알고 있으면 막 화날 거예요.

나: 그렇게 욕을 섞어 말하는 건 안 되는 일이야!

부모의 말보다 힘이 센 사서 선생님의 조언

아이의 가족에 대한 의존감을 줄여줄 방법 한 가지는 밖의 더 넓은 사회로 나가면 쉽게 사용할 수 있는 소중한 자원들이 펼쳐져 있다는 사실을 알게 해주는 것이다. 세상은 외계 세계가 아니다. 필요할 때면 언제든 도움을 얻을 수 있는 곳임을 아이들에게 알려주는 것은 아이들의 성장에 큰 도움이 된다.

이 원칙은 아이에게 확실한 도움이 될 뿐만 아니라 부모가 항상

아이 문제의 99%는 부모의 말에서 시작된다

'악역'을 맡아야 할 필요를 덜어주기도 한다. 부모 대신 학교의 보건 교사가 과체중 아이의 적절한 식습관을 의논해줄 수 있고, 신발 매장 점원이 계속 스니커즈만 신으면 발에 어떤 영향을 미치는지 설명해줄 수 있으며, 도서관 사서가 어려운 과제 때문에 쩔쩔매는 아이에게 도움을 줄 수 있고, 치과 의사가 양치질을 안 하면 치아가 어떻게 되지 설명해줄 수도 있다. 어쨌든 이런 외부 정보원들 모두는 엄마나 아빠의 말보다 더 큰 무게감을 갖는다.

성적표를 보고 야단을 치기보다 함께 새로운 목표를 세우기

삶의 즐거움에서 상당 부분을 차지하는 것이 꿈을 꾸고 공상에 잠기고 기대를 품고 계획을 세우는 일이다. 아이가 혹시 실망하게 될까 봐 이런 즐거움을 느끼게 하는 것을 간과한다면 아이에게 중요한 경험을 박탈할 수도 있다.

사례

한 아버지가 말에 큰 관심을 갖게 된 아홉 살 딸의 얘기를 들려준 적이 있다. 어느 날 딸이 말을 사주면 안 되냐고 물었다고 한다. 이 아버지는 노력이 좀 필요하긴 했지만, 돈과 공간, 그리고 법적인 문제 때문에 말을 사는 것은 불가능하다는 말을 꾹 참았다. 그 대신 이렇게 말해줬다.

"그래, 네가 말을 갖고 싶은 모양이구나. 그 마음 이해해."

이어서 딸이 먹이를 챙겨주고 털을 솔질해주며 말을 어떻게 돌봐줄지, 말을 어떻게 탈지 등에 대해 줄줄이 늘어놓을 때 그 말에 귀 기울여주었다. 딸에겐 아빠에게 꿈에 대한 얘기를 하는 것만으로도 충분해 보였다. 딸은 그 뒤로 한 번도 말을 사달라고 아빠를 조르지 않았다. 하지만 그날의 대화 이후로 도서관에서 말에 관한 책을 빌려 보고 말 그림을 그리기도 했으며, 언젠가 자신의 말을 키우기 위한 땅을 사겠다며 용돈을 조금씩 모으기도 했다. 몇 년 후 딸은 지역 마굿간에서 일을 돕는 자리에 지원했고 그곳에서 일한 대가로 이따금씩 말을 타기도 했다. 열네 살이 되었을 무렵엔 말에 대한 관심이 시들해졌다. 그러더니 어느 날 '말을 사기 위해 모아둔 돈'으로 10단 자전거를 사겠다고 했다.

사례

폴은 성적 때문에 걱정이 많았어요. 저희는 성적표가 나오기 며칠 전부터 아들에게서 그런 눈치를 챘어요. 아들이 이런 식의 말들을 했으니까요.

"수학 성적이 별로 안 좋게 나올 거예요. 선생님의 기록부에서 벌써 내 점수를 봤어요. 원래는 보면 안 되지만요."

성적표를 가지고 온 날 나는 아들을 불렀어요. "폴, 이리 와서 네 성적표 보자." 아들은 걱정이 돼서 시선을 이리저리 돌렸지만 내 무

아이 문제의 99%는 부모의 말에서 시작된다

릎에 앉으며 말했어요. "아빠, 보시면 마음에 안 드실 거예요."

아빠: 글쎄, 한번 같이 보자. 폴. 이게 네 성적표야. 어떤 것 같아?

폴: 수학 점수까지 보세요.

아빠: 난 지금은 수학 점수 안 볼 건데. 맨 위쪽부터 보자. 어디 보자, 읽기는 '잘함'을 받았네.

폴: 네, 읽기 점수는 좋아요.

아빠: 그리고 국어는 '잘함'이야. 예전에는 국어를 많이 어려워했었는데 좋아졌구나. 그리고 과학에서는 '매우 잘함'을 받았어! 너 과학 점수도 걱정했었잖아. 아빠가 보기엔 성적이 잘 나온 것 같은데. 영어도 '보통'이고.

폴: 그래도 영어에서 더 좋은 점수를 받아야 했는데.

아빠: '보통'이야.

폴: 네, 그래도 더 잘했어야 했어요.

아빠: 자 그럼, 이번엔 수학을 보자. '노력 요함'이네.

폴: 아빠가 화내실 줄 알았는데!

아빠: 그러니까 이 과목이 지금 네가 애를 먹고 있는 과목이구나.

폴: 네. 앞으로는 수학 공부를 좀 더 열심히 해야겠어요.

아빠: 어떻게 할 건데?

폴: (한참 뜸을 들이다) 더 열심히 공부하고 숙제도 다 할 거예요. 그리고 시험을 볼 때 문제를 끝까지 다 풀 거예요.

아빠: 스스로 목표를 정한 것 같구나. 종이 가져와서 그 목표를 적어놓자.

폴은 종이와 펜을 가져와서 모든 과목을 쭉 적고 그 옆에 자신이 받은 점수도 적었어요. 또 그 옆 칸엔 다음번 시험의 목표 점수를 썼어요. 수학에만 초점을 맞춰 수학 점수만 높이려고 할 줄 알았는데 수학뿐만 아니라 영어, 사회, 과학에서도 더 좋은 성적을 받으려고 마음을 먹었어요. 수학은 '노력 요함'에서 '보통'으로 올리겠다고 했어요.

성적표 맨 밑에는 부모의 의견과 서명을 적는 공간이 있는데 나는 이렇게 썼어요. "폴의 성적표를 놓고 아이와 상의를 해봤고 폴이 스스로 새로운 목표를 정했습니다. 아이가 앞으로는 더 열심히 공부하겠다고, 특히 수학을 열심히 하겠다고 합니다." 그다음에 나의 서명을 하고 폴에게도 서명을 하게 했어요.

그런 다음에는 목표를 적은 종이는 아들이 보고 되새기도록 아들의 방문에 테이프로 붙여두었어요. 그 후에 아들이 수학 시험에서 정말로 '보통'을 받아왔어요. 나는 아들에게 이렇게 말해주었어요. "폴, 너는 마음을 먹으면 꼭 해내는구나!"

아이의 몸은 아이의 것이 되도록

계속해서 머리를 쓸어 넘겨주거나, 어깨를 똑바로 펴주거나, 실보푸라기를 털어내주거나, 블라우스를 스커트 속에 넣어주거나, 옷깃을 매만져주는 등의 행동을 자제하는 것이 좋다. 아이들은 자신에게 이런 식으로 행동하는 것을 신체적 프라이버시의 침해로 느낀다.

아이 문제의 99%는 부모의 말에서 시작된다

"엄~마!", "아~빠!"라는 말 속에 담긴
아이의 진짜 마음 이해하기

부모의 잔소리를 듣고 고마워할 아이들은 거의 없다. 많은 아이들이 "왜 종이에 코를 박고 글씨를 쓰니?", " 숙제를 할 때는 허리를 똑바로 펴고 앉아서 해", "머리로 눈 좀 가리고 다니지 마", "소매 단추 채워. 단정해 보이지 않잖아"와 같은 말에 짜증스럽게 "엄-마!"나 "아-빠!"를 내뱉는다. 이 말을 번역하면 "그만 좀 괴롭혀요. 귀찮게 좀 하지 마요. 제 일은 제가 알아서 해요"라는 의미이니, 아이가 이런 말을 할 때는 아이의 의견을 존중해주는 것이 좋다.

"우리 애는요~"라는 부모의 말이
의미하는 것은?

당신이 어머니 옆에 서 있는데 어머니가 이웃사람에게 다음과 같은 말들을 한다고 상상해보라.

"있잖아요, 얘가 1학년 때는 읽기 때문에 속상해했지만 지금은 더 좋아지고 있어요."

"이 앤 사람을 좋아해요. 모든 사람이 얘 친구에요."

"얘한테 신경 쓰지 마세요. 얘가 숫기가 좀 없어서 그래요."

아이들은 이런 식으로 자신의 얘기를 듣게 되면 자신을 부모의 소유의 물건처럼 느끼게 되어 거부감을 갖게 된다.

"네가 직접 대답해"라는 말로
아이의 자율성을 존중하기

부모가 아이가 있는 자리에서 다음과 같은 질문을 받게 되는 일이 되풀이된다면 어떨까?

"조니는 학교에 다니는 거 재미있어해요?"

"애가 새로 태어난 아기를 좋아해요?"

"쟤는 왜 새 장난감을 가지고 놀지 않아요?"

아이의 자율성을 존중해준다는 점을 제대로 보여주려면 그렇게 물은 어른에게 이렇게 말해주면 된다.

"조니가 말해줄 거예요. 그 답은 쟤가 아니까요."

"너도 준비가 되면 할 수 있어"라고
아이의 가능성을 인정해주기

아이에겐 마음으로는 너무 하고 싶지만 정서적으로나 신체적으로 준비가 안 되어 있는 경우가 있다. 어른처럼 혼자서 화장실을 이용하고 싶지만 아직은 할 수가 없다. 다른 애들처럼 수영을 하고 싶지만 아직은 물이 무섭다. 엄지손가락을 그만 빨고 싶지만 피곤할 때는 그러고 있으면 기분이 너무 좋다.

이럴 땐 억지로 시키거나 다그치거나 창피를 주는 대신 다음과 같이 아이가 언젠가는 준비가 될 것을 믿고 있다는 사실을 알려주자.

"난 걱정 안 해. 네가 그럴 준비가 되면 물에 들어갈 수 있을 거야."

"넌 그러기로 마음먹으면 엄지손가락을 그만 빨게 될 거야."

"조만간 너도 엄마, 아빠처럼 화장실을 사용하게 될 거야."

"안 돼"라는 말 대신 사용할 수 있는 말들

부모 역할을 하다 보면 아이의 바람을 꺾어야 할 때가 많이 생기기 마련이다. 하지만 어떤 아이들은 퉁명스러운 투의 '안 돼'를 자신에 대한 직접적 공격으로 여기고 자신의 모든 에너지를 동원해 반격한다. 소리 지르고, 성질 부리고, 욕을 하고, 부루퉁해진다. 부모에게 "왜 안 되는데요?", "너무해요", "미워!" 따위의 말을 퍼붓기도 한다.

이런 식이면 인내심이 많은 부모조차 지쳐서 화를 내게 된다. 그렇다면 아이가 이런 반응을 보일 때는 어떻게 해야 할까? 져줘야 할까? 뭐든 다 허락해줘야 할까? 당연히 그래선 안 된다. 그런 식으로 아이를 대하면 버릇없는 아이들의 횡포는 더욱 심해지기 마련이다. 다행히 부모가 아이와 대립하고 갈등하지 않으면서도 단호한 태도를 보여줄 수 있는 방법들이 있다. "안 돼"라고 말하는 대신 다음과 같은 방법을 사용하면 아이와의 관계를 회복하는 데 도움이 된다.

"안 돼"라고 말하기보다 정보를 준다

아이가 친구 집에 가서 놀겠다고 말하는 경우 "아니, 안 돼" 대신
다음과 같이 사실을 알려준다.

"5분 후에 저녁 먹을 시간이야."

이런 정보를 알면 아이도 속으로 이렇게 생각할 것이다.

"지금은 못 갈 것 같네."

감정을 받아들여준다

아이가 동물원에서 집에 가지 않겠다고 떼를 쓰는 경우를 생각해
보자. 그럴 때는 "안 돼. 지금 가야 해!"라고 말하는 대신 다음과
같이 말하며 아이의 감정을 받아들여준다.

"그래, 네 마음대로 결정할 수 있다면 오래 오래 있다 가고 싶을
거야. 너무 재미있는 곳을 떠나기는 힘들지."

때로는 누군가가 자신의 기분을 이해해주면 반발심이 누그러들
기도 한다.

문제를 설명해준다

아이가 지금 도서관에 태워다달라고 할 경우 "안 돼, 지금은 못
가. 기다려야 해"라고 하는 대신 다음처럼 문제를 설명해준다.

"나도 태워다주고 싶은데 문제가 있어. 30분 후에 전기 기사님이

아이 문제의 99%는 부모의 말에서 시작된다

오시기로 했어."

생각해볼 시간을 갖는다

아이가 친구 집에서 자고 오겠다고 하는 경우에 즉각적으로 안 된다고 말하는 대신 "생각 좀 해보고"라며 생각할 시간을 갖는 것이 좋다.

이 짧은 말은 일석이조의 효과를 내준다. 아이의 바람의 강도를 약화하고 부모도 아이의 감정을 충분히 생각해볼 시간을 갖을 수 있다. 사실 '안 돼'라고 간단하게 말하는 것이 당장은 더 쉽고 간단한 방법이라고 생각할 수 있다. 하지만 '안 돼'라고 말한 후의 여파를 생각하면 조금은 돌아가는 것이 오히려 더 좋은 해결책인 경우가 많다.

How To Talk So
Kids Will Listen

PART
5

실수와 좌절을
두려워하지 않게 만드는
칭찬의 원칙

부모의 칭찬 한마디가
아이의 자존감을 결정한다

브루스와 데이비드라는 일곱 살의 두 소년이 있다. 두 소년에게는 많은 사랑을 주는 엄마가 있었다. 두 소년은 각각 서로 다른 방식으로 하루를 시작했다. 브루스는 아침에 일어나면 가장 먼저 이런 소리부터 들었다. "이제 그만 일어나, 브루스! 또 학교에 지각하겠다."

브루스가 일어나서 옷을 다 입은 후 아침을 먹으려고 하면 브루스의 엄마는 말했다. "신발은 어디에 있어? 맨발로 학교에 가려고? 그리고 옷이 그게 뭐야! 파란색 스웨터에 녹색 셔츠가 어울리겠니? 아들, 바지 꼴은 또 왜 그래? 터졌잖아. 아침 먹고 옷 갈아입어. 그리고 주스를 따를 땐 조심해서 따라. 맨날 엎지르지 말고!"

브루스가 주스를 따르다 엎지르면 엄마는 불같이 화를 냈고, 엎질러진 주스를 닦으며 한소리를 했다.

"너를 어떻게 해야 할지 모르겠다. 정말."

브루스는 혼자 뭐라고 웅얼거렸다.

그 소리에 엄마가 물었다. "뭐라고? 애가 또 웅얼거리네."

브루스는 아무 말 없이 아침을 다 먹었다. 그런 다음 바지를 갈아 입고 신발을 신고 교과서를 챙겨 학교에 가려고 했다. 그때 엄마가 큰 소리로 불렀다. "브루스, 점심 도시락 챙겨가야지! 머리가 어깨 위 에 붙어 있으니 망정이지 아니면 머리도 까먹고 다닐 애라니까."

브루스가 도시락을 챙겨 들고 다시 집을 나서려 할 때 엄마가 또 한소리를 했다.

"오늘 학교에 가서 얌전하게 굴고."

길 건너편에 사는 데이베드는 아침이면 가장 먼저 이런 말부터 들었다.

"7시야, 데이비드. 지금 일어날래, 아니면 5분 더 자고 싶어?" 그러 면 몸을 뒤척이고 하품을 하면서 웅얼웅얼 말했다. "5분 더요."

잠시 후에 데이비드가 옷을 다 입고 아침을 먹으러 오면 엄마가 말했다.

"벌써 옷을 다 입었구나. 이제 신발만 신으면 되겠네! 저런, 바지 실밥이 뜯어졌네. 그냥 두면 한쪽이 다 뜯어질 것 같아. 네가 서 있는 동안 내가 꿰매줄까? 아니면 다른 바지로 갈아입을래?"

데이비드는 잠깐 생각하다 대답했다.

"아침 먹고 갈아입을래요."

그런 다음 식탁에 앉아 주스를 따랐다. 따르다 조금 흘리기도 했다. "싱크대에 행주 있어." 엄마가 아들의 점심 도시락을 계속 싸며 고개만 돌려 말했다. 데이비드는 행주를 가져다가 엎질러진 주스를 닦았다. 데이비드는 잠깐 엄마와 이야기를 나누며 아침을 먹었다.

다 먹고 난 다음엔 바지를 갈아입고 신발을 신은 후 교과서를 챙겨 학교에 가려고 나왔다. 점심 도시락을 빼먹은 채였다.

엄마가 아들을 부르며 따라왔다.

"데이비드, 점심 도시락!"

데이비드는 도시락을 가지러 다시 달려가며 고맙다고 인사했다. 엄마가 도시락을 건네주며 말했다. "이따 보자!"

브루스와 데이비드는 담임교사가 같았다. 그날 선생님이 반 아이들에게 말했다.

"얘들아, 너희도 이미 알겠지만 다음 주에 손님들을 초대해서 개교기념일 연극을 할 거야. 그래서 누가 자원해서 우리 교실 문에 붙일 예쁜 환영 팻말을 그려주었으면 해. 연극이 끝난 후에 손님들에게 레모네이드를 가져다 드릴 자원자도 필요하고. 그리고 마지막으로 다른 교실들을 돌며 우리 연극에 초대하는 짧은 웅변을 하면서 상영 날짜와 장소를 알려줄 사람도 있어야 해."

아이들 중에 몇 명이 바로 손을 들었고, 망설이며 머뭇머뭇 손을 들거나 아예 손을 들지 않는 아이들도 있었다.

우리의 이야기는 여기까지다. 하지만 이 이야기는 우리에게 생각할 거리를 던져준다. 다음의 질문에 답을 해보자.

아이 문제의 99%는 부모의 말에서 시작된다

1. 데이비드는 자원자로 나서기 위해 손을 들었을까?

2. 브루스는 자원자로 나서기 위해 손을 들었을까?

3. 아이가 자신을 어떻게 생각하는지와 도전이나 실패의 위험을 받아들이려는 의지 사이에는 어떤 상관관계가 있을까?

4. 아이가 자신을 어떻게 생각하는지와 스스로 정하는 목표의 유형 사이에는 어떤 상관관계가 있을까?

잘못된 칭찬은 부정적 감정을 가져온다

집에서 부모에게 존중받지 못하면서도 용케 기죽지 않고 집 밖에서 여러 가지 일에 도전을 하며 잘 대처하는 아이들도 있다. 반면 부모에게 충분히 존중을 받으면서도 자신의 재능에 확신을 갖지 못한 채 도전을 피하는 아이들도 있다. 하지만 아이의 장점을 인정해주는 가정에서 자라는 아이들은 자신에게 만족을 느낄 가능성이 그렇지 않은 아이들에 비해 더 높다. 삶의 도전에 잘 대처할 가능성과 스스로 더 높은 목표를 세울 가능성 역시 더 높다.

나다니엘 브랜든은 "사람의 가치 판단에서 가장 중요할 뿐만 아니라 정신 발달과 동기에서 가장 결정적 역할을 하는 것이 바로 자신에 대한 평가다. … 자기 평가의 성향은 인간의 사고 과정, 감정, 열망, 가치, 목표에 지대한 영향을 미치며, 한 사람의 행동을 설명하는 데 무엇보다 중요한 열쇠가 된다."

아이의 자존감이 그토록 중요하다면 우리는 부모로서 아이의 자존감을 높여주기 위해 뭘 할 수 있을까? 지금까지 우리가 살펴본 원칙과 기술들 모두 아이가 자신을 가치 있는 사람으로 여기는 데 도움이 될 수 있다. 우리가 아이의 감정을 존중하는 태도를 보여줄 때마다, 아이에게 선택을 내릴 기회를 줄 때마다, 문제를 해결할 기회를 줄 때마다 아이의 자신감과 자존감도 커져간다.

그 외에도 아이가 긍정적이고 현실적인 자아상을 세우도록 도와줄 수 있는 방법은 무엇일까? 칭찬을 해주는 것이 한 가지 방법일 것이다. 하지만 칭찬은 경우에 따라 다루기 까다로운 문제가 될 수 있다. 때로는 지극히 선의로 한 칭찬이 예기치 못한 반응을 일으키기도 한다.

다음의 연습 문제는 당신이 칭찬을 받는 네 가지 상황을 가정하고 있다. 각각의 상황에서 당신이 어떤 반응을 보일지 생각해보자.

상황 1

생각지 못한 손님이 찾아와 저녁을 대접해야 한다. 당신은 스프 캔 하나를 데운 후 즉석밥과 함께 대접한다. 그런데 손님이 "요리 솜씨가 정말 좋으시네요!"라고 말한다.

당신이 마음속으로 느낀 반응: _____

_____

_____

아이 문제의 99%는 부모의 말에서 시작된다

중요한 모임에 가기 위해 스웨터와 청바지를 새로 갈아입고 나왔
는데 한 지인이 다가와 당신을 쓱 훑어보며 말한다. "늘 옷을 참
잘 입으세요."

당신이 마음속으로 느낀 반응: _____

_____

_____

당신은 강의를 들으러 다니고 있다. 열띤 토론 수업 후에 다른 수
강생이 다가와 말을 건다. "정말 똑똑하세요."

당신이 마음속으로 느낀 반응: _____

_____

_____

당신은 이제 막 테니스를 배우기 시작했는데 아무리 노력해도 서
브 실력이 늘지 않는다. 공이 네트에 걸리거나 코트 밖으로 나가
기 예사다. 오늘 새로운 파트너와 경기를 했는데 첫 서브가 잘 들
어가자 파트너가 말한다. "우와, 완벽한 서브였어요."

당신이 마음속으로 느낀 반응: _____

_____

_____

이번 연습 문제를 통해 당신도 칭찬에 얽힌 내재적 문제를 직접 깨닫게 되었을 것이다. 이처럼 칭찬을 받으면 기분 좋은 감정과 함께 다음과 같은 부정적인 감정을 느낄 수도 있다.

- 칭찬한 사람을 의심하게 될 수 있다.

→ '내 요리가 맛있다는 건 거짓말이거나 비꼬는 말일 거야.'

- 칭찬을 듣는 순간 거부 반응을 보인다.

→ '항상 옷을 잘 입는다니! 1시간 전의 내 모습을 봤어야 해요.'

- 위기감을 일으킬 때도 있다.

→ '그런데 다음 모임 때는 내 모습을 보고 어떻게 생각할까?'

- 자신의 약점에 집중할 수밖에 없도록 하기도 한다.

→ '똑똑하다고? 이 사람이 지금 날 놀리나? 아직도 한 난의 합계를 내지 못하는 사람한테.'

- 불안감을 느끼게 하기도 한다.

→ '다시는 그렇게 공을 못 칠 텐데 어쩌지. 이젠 정말 초조해.'

- 교묘한 조종처럼 느껴지는 경우도 있다.

→ '이 사람이 나한테 뭘 바라고 이런 소리를 하는 거지?'

아이 문제의 99%는 부모의 말에서 시작된다

칭찬의 말은 언제나 구체적으로

나는 아이들을 칭찬해주려 할 때마다 답답함을 겪었던 기억이 난다. 예전에 아이들은 그림을 가져와 보여주며 이렇게 묻곤 했다.

"이 그림 잘했어요?"

그러면 나는 이렇게 말해줬다. "정말 멋진 그림이네."

아이들은 그 말에 또 물었다. "그런데 잘했냐고요?"

나는 또 말했다. "잘했냐고? 멋진 그림이라고 말해줬잖아 끝내준다고!"

그러면 아이들은 이렇게 말하곤 했다. "마음에 안 드시는 거죠."

호들갑스럽게 칭찬할수록 더 통하지가 않았다. 나는 아이들의 반응이 이해가 되지 않았다.

기너트 박사의 모임에 나가며 처음 몇 회차를 들은 후에야 내가 칭찬의 말을 해주기가 무섭게 아이들이 거부 반응을 보인 이유를 깨달았다. 기너트 박사에 따르면 '좋은', '멋진', '끝내주는'과 같은 평가는 아이들을 거북하게 만든다. 앞의 연습 문제에서 우리가 불편한 감정을 느꼈던 것과 마찬가지다.

하지만 기너트 박사에게 배웠던 내용 중 가장 중요한 대목은 따로 있었다. 도움이 되는 칭찬은 사실상 다음의 두 요소에서 나온다는 것이다.

• 보이거나 느낀 것을 그대로 설명해준다.

• 아이는 그런 설명을 듣고 나면 스스로를 칭찬할 수 있게 된다.

내가 이 이론을 처음 실천에 옮겨보려 시도했던 때가 기억난다.

당시에 네 살이던 아들이 놀이방에 갔다 와서 연필로 휘갈겨 그린 낙서를 내 코 밑으로 들이밀며 물었다.

"이거 잘했어요?"

내가 자동적으로 가장 먼저 보인 반응은 "아주 잘했네"라고 말해주는 것이었다. 그러다 부모 모임에서 배웠던 것이 기억나면서 다음과 같은 고민에 빠졌다.

'자세한 설명을 해주었어야 했는데. 그나저나 휘갈겨 그린 낙서를 어떻게 설명해주지?'

잠시 후 내가 말했다.

"음, 어디 보자. 이쪽은 원, 원, 또 원이고, 이건 구불구불한 선, 구불구불한 선, 구불구불한 선이고, 또 여긴 점, 점, 점, 점, 점, 점, 사선, 사선이 있구나!"

"네!" 아이가 고개를 마구 끄덕거렸다.

나는 "이런 그림을 어떻게 생각해낸 거야?"라고 물었다.

아이는 잠깐 생각하다 입을 뗐다. "저는 화가니까요."

아이는 놀랍게도 스스로를 칭찬하고 있었다.

다음의 사례를 통해 설명적 칭찬이 어떤 효과를 내는지 살펴보자.

아이 문제의 99%는 부모의 말에서 시작된다

◆ 구체적인 표현으로 칭찬한다 ◆

도움이 되는 칭찬 vs. 도움이 안 되는 칭찬

솔직히 말하면 처음엔 이 새로운 칭찬법에 의심이 들었다. 내가 한 번 효과를 봤으면서도 칭찬의 표현을 설명적으로 바꾸어야 한다는 사실에 의심이 들었다. '훌륭한', '멋진', '대단한' 같은 말이 나에겐 정말 자연스럽게 떠오르는 표현인데 왜 이런 표현을 포기하고 내 솔직한 생각을 표현할 다른 방법을 찾아야 하는지 납득이 되지 않았다.

하지만 의무감에서라도 나는 새로운 표현을 찾기 시작했고, 조금 시간이 지나자 아이들이 정말로 스스로를 칭찬하기 시작했다. 예를 들면 이런 식이었다.

나: ("질, 너 대단하다" 대신) 할인 중인 그 아이스크림이 실제로는 세일 상품이 아닌 브랜드들보다 더 비싸다는 걸 알아내다니, 엄마는 감동했어.

질: (방긋 웃으며) 제가 '재치'를 좀 발휘했죠.

나: ("앤디, 너 굉장하다" 대신) 선생님에게 받은 그 문자 메시지 복잡한 내용이었는데 이해했네. 모임이 왜 연기되었고, 내가 누구한테 전화해야 하고, 무슨 말을 해야 하는지 정확히 알겠어.

앤디: 네. 제가 꽤 믿을 만한 아이예요.

의심의 여지가 없는 칭찬법이었다. 아이들은 정말로 자신의 장점을 더 잘 의식하고 감지하게 되었다. 이 점 하나만으로도 나에겐 노력을 이어갈 동기가 충분했다. 그리고 그런 칭찬은 정말로 노력이 필요한 일이었다. 아이들이 한 일을 구체적으로 표현해주는 것보다는 그냥 "멋지네"라고 말하는 것이 훨씬 쉽기 때문이다.

그러면 다음 연습 문제를 통해 설명적 칭찬을 연습해보자. 각 상황을 읽어보고 아이가 정확히 뭘 해낸 것인지를 잠시 머릿속에 그려본 다음 자신이 보거나 느낀 대로 자세히 설명해보자.

상황 1

아이가 처음으로 혼자서 옷을 입고, 당신 앞에 서서 당신이 알아봐주길 기대하고 있다.

도움이 안 되는 칭찬: _____

_____

_____

보거나 느낀 대로 자세히 설명해주는 칭찬: _____

_____

_____

아이는 속으로 무슨 생각을 할까? _____

_____

_____

아이가 배역을 맡은 학교 연극에 초대되었다. 아이는 왕이나 여왕이나 마녀의 역할을 맡았다. 연극 공연 후 아이가 당신에게 달려와 묻는다. "저 잘했어요?"

도움이 안 되는 칭찬: _____

_____

보거나 느낀 대로 자세히 설명해주는 칭찬: _____

_____

아이는 속으로 무슨 생각을 할까? _____

_____

_____

아이의 학업이 조금 나아졌다는 것을 알게 되었다. 특히 글쓰기가 예전보다 훨씬 나아졌고 어휘도 많이 늘었다. 지난번 글짓기 숙제는 하루 전에 미리 다 해놓았다.

도움이 안 되는 칭찬: _____

_____

보거나 느낀 대로 자세히 설명해주는 칭찬: _____

_____

아이는 속으로 무슨 생각을 할까? _____

_____

_____

상황 4

당신은 며칠 동안 아파서 누워 있다. 아이가 풍선과 하트를 그려 넣은 쾌유 카드를 만들어 건네주며 당신의 반응을 기다린다.

도움이 안 되는 칭찬: _____

_____

보거나 느낀 대로 자세히 설명해주는 칭찬: _____

_____

아이는 속으로 무슨 생각을 할까? _____

_____

_____

이번 연습 문제를 통해 이제는 아이들이 다음과 같은 평가적 칭찬을 어떻게 느끼는지 더 확실히 느꼈을 것이다.

"넌 착한 딸이야."

"넌 훌륭한 배우야."

"넌 앞으로 훌륭한 학생이 될 거야."

"넌 정말 생각이 깊구나."

반면 자신이 이루어낸 구체적 성취를 설명해주는 칭찬을 들을 때 아이들이 어떻게 느끼는지도 분명하게 알게 되었을 것이다. .

"택이 뒤쪽으로 가도록 셔츠를 잘 입었네. 바지 지퍼도 채우고, 양말을 짝 맞춰서 신고, 신발 버클까지 채우고 말야. 예전과는 정말 많이 달라졌구나!"

"위엄 있는 여왕 연기를 정말 잘하더구나. 중요한 연설을 하는 장면에서 강당을 채우던 우렁찬 목소리가 인상적이었어."

"요즘에 네가 학교 공부에 더 노력을 쏟는 것 같더라. 내가 보니까 글짓기 실력도 많이 늘었고, 숙제도 미리 다 해놓고, 단어도 많이 알고 있던데."

"이 풍선이랑 빨간색 하트들 완전 마음에 들어. 이걸 보니 기운이 난다. 보기만 해도 벌써 몸이 나은 기분이야."

설명을 활용해 칭찬해주는 방법에는 한 가지가 더 있다. 설명에 더해 아이의 칭찬받을 만한 행동을 요약해주는 한두 단어를 함께 말해주는 방법이다.

아이 문제의 99%는 부모의 말에서 시작된다

◆ 한마디로 요약해서 칭찬해준다 ◆

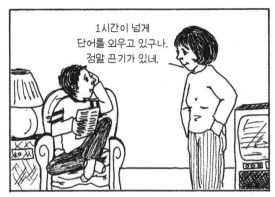

1시간이 넘게
단어를 외우고 있구나.
정말 끈기가 있네.

5시에 집에 오겠다고
했는데 정확히 5시네.
시간 약속을 잘 지키는구나.

식물이 말라 있는 걸
보고 물을 줬구나.
정말로
솔선수범하는
아이로구나.

아이의 행동을 구체적인 한두 가지 표현으로 칭찬해주면 아이는 그 말을 더 신뢰하며 자신의 행동에 자신감을 갖게 된다.

그렇게 좋아하는 케이크를 조금만 먹었네. 정말 _____이 훌륭하구나.

그 콘서트에 가려고 모든 스케줄을 맞춰놨는데 콘서트가 취소되었을 때 바로 다른 계획을 세웠네. 그런 게 바로 _____야.

다른 애들이 걔를 놀리는데도 너는 그 친구의 편이 되어주었구나. 그게 바로 _____지.

아이의 행동을 한마디로 요약해서 칭찬해주기 위해서는 아이에게 관심을 가지고 지켜봐주는 노력이 필요하다.

다음은 문장을 완성하기에 적절한 몇 가지 단어다.

1번 그림: 결단력, 의지력, 자제력

2번 그림: 유연성, 임기응변, 적응력

3번 그림: 우정, 의리, 용기

위에서 나열한 단어들이 절대적인 답은 아니다. 옳거나 틀린 답은 없다. 핵심은 아이에게 아이 자신도 모르고 있는 자신의 새로운 모습을 알려줄 단어를 찾는 것이다. 아이에게 스스로를 나타낼 만한 새로운 표현을 알려주는 것은 아이가 자신에 대한 긍정적 감정을 갖는 데 도움이 된다.

내가 이런 칭찬법에서 개인적으로 좋아하는 면은 충분히 '할 수 있는' 일이라는 점이다. 이 칭찬법에서 무엇보다 중요한 것은 아이들의 행동이나 말에 관심을 가지고 지켜보거나 귀 기울이면서 자신이 보고 느낀 것을 제대로 표현해주는 것이다.

그런 간단한 방법이 어떻게 그토록 굉장한 영향을 미칠 수 있는지 의아해하는 사람들도 있다. 하지만 매일 소소하게 아이의 장점을 표현해주다 보면 아이들은 자신의 장점을 알게 된다. 예를 들어 어떤 아이는 자신이 난장판으로 어질러진 방을 깔끔하게 정리할 수 있고, 쓸모 있고 즐거움까지 주는 선물을 만들 줄 알고, 청중의 주목을 끄는 능력이 있으며, 감동적인 시를 쓸 수 있고, 시간을 잘 지킬 수 있고, 의지력이 강하고, 솔선수범 하며, 임기응변에 강하다는 것을 알아차리게 된다. 이 모두는 아이의 감정 은행에 차곡차곡 들어가게 되고 누구도 빼앗을 수 없게 된다. '착한 아이'라는 꼬리표는 다음날 '못된 녀석'이라고 불러서 빼앗아 갈 수 있다. 하지만 아이가 쾌유 카드로 어머니의 기운을 차리게 해주었던 그 시간은 아이에게서 빼앗을 수 없다. 아이가 아주 피곤한데도 끈기 있게 꿋꿋이 공부했던 시간 역시 마찬가지다.

아이들은 자신의 장점을 인정받으면 이런 순간들을 평생의 시금석으로 삼고, 의혹과 좌절의 시기에 다시 되새기게 된다. 자신이 과거에 자랑스러운 일을 했었고, 자신에게는 다시 그럴 수 있는 힘이 내재되어 있음을 깨닫게 되는 것이다.

아이 문제의 99%는 부모의 말에서 시작된다

아이의 자존감을 높여주는 한마디의 말

• 보이는 대로 설명해준다.

"바닥이 깨끗하고 침대는 반듯하게 정리되어 있고 책들도 선반에 차곡차곡 꽂혀 있네."

• 느낀 것을 그대로 설명해준다.

"이 방에 들어오니 기분이 좋은 걸!"

• 아이의 칭찬받을 만한 행동을 한 단어로 짧게 정리해준다.

"레고, 자동차, 농장 동물 장난감들을 분리해서 상자에 따로따로 담아놨구나. 이런 걸 바로 정리정돈이라고 하는 거야."

1. 내가 내 아이에게서 마음에 들어하는 자질은 무엇인가?

_____

_____

2. 아이가 최근에 했던 일 중 마음속으로 높이 인정하면서도 말해주지 않았던 것은 무엇인가?

_____

_____

3. 높이 인정하는 그 마음을 설명적 칭찬의 기술을 활용해 아이에게 보여주기 위해선 어떻게 말하면 될까?

_____

_____

아이 문제의 99%는 부모의 말에서 시작된다

CHAP
2

아이의 자존감을 높여주는
부모의 말

우리는 모임에 나오는 부모들끼리 서로 들떠서 다음과 같은 아이들 애기를 나누는 모습을 자주 보게 된다.

"도니가 알람을 맞춰놓고 아침에 알아서 일어난 지 3일이나 되었어요. 이제는 제가 참견하지 않아도 돼서 너무 좋아요."

"얼마 전에 리사가 집에 늦게 갈 것 같다고 집에 전화를 했어요. 저에겐 그런 일이 말로 다 표현할 수 없을 만큼 큰 의미예요."

우리가 이렇게 말하는 부모들에게 자신들이 그렇게 높이 인정해주는 걸 아이들도 아느냐고 물었을 땐 멀뚱멀뚱한 표정을 짓는 경우가 많았다. 많은 부모들이 아이들이 바람직한 행동을 했을 때는 칭찬을 해주는 것에 인색한 듯하다. 혼내는 건 재빠르지만 칭찬하는 데는 더딘 편이다. 하지만 좋은 부모가 되기 위해서는 이 순서를 반대로 뒤집을 필요가 있다. 누구나 알고 있지만 바깥세상은 칭찬에 인색하다. 따라서 집안에서라도 내 아이에게는 아끼지 말고 듬뿍 칭찬을 해주자.

의식주 문제를 해결해주는 것 이외에도 부모가 아이에게 해주어야 하는 것은 내 아이가 잘하는 것을 인정하고 옹호해주는 것이다. 가뜩이나 온 세상이 아이들의 잘못을, 그것도 큰 소리로 빈번히 지적해댈 테니 부모에겐 아이들에게 잘하는 것을 알게 해줄 의무가 있다.

칭찬의 효과를 극대화하는 대화의 기술

아이의 나이와 능력치에 적절히 맞춰 칭찬해준다

"매일 이를 잘 닦고 있네."

어린아이들에게 흐뭇해하며 이런 말을 해주면 자신의 성취에 뿌듯함을 느끼겠지만 십대는 이런 말에 모욕감을 느끼기 십상이다.

예전의 실패를 암시하는 칭찬은 하지 않는다

"음, 드디어 그 곡을 제대로 연주해냈구나."

"오늘은 모습이 꽤 보기 좋네. 어떻게 했기에 이렇게 달라진 거야?"

"네가 그 과목 통과하지 못할 줄 알았는데 해냈네!"

이런 칭찬은 오히려 반발심을 불러일으킬 수도 있다. 언제나 아이가 현재 보여준 장점에 초점을 맞춰서 칭찬해주어야 한다.

아이 문제의 99%는 부모의 말에서 시작된다

"그 곡에서 힘차고 리드미컬한 박자를 이어가는 네 연주 스타일이 정말 좋다."

"모습이 보기 좋은 걸."

"네가 그 과목 통과하려고 열심히 공부한 거 알고 있어."

과도한 칭찬은 아이에게 걸림돌이 될 수 있다

때로는 아이가 하는 일에 부모가 사사건건 들떠하거나 극성스러울 정도로 기뻐하면 아이에게 압박으로 느껴질 수 있다.

"넌 정말 피아노에 재능이 있어! 크면 틀림없이 카네기 홀에서 연주하게 될 거야."

어린아이가 매일같이 이런 말을 들을 경우 아이는 부모가 자신의 능력보다 더 많은 것을 원하고 있다고 생각할 수 있다.

사례

어제 밖에 나가려고 하는데 다섯 살짜리 딸 조슈아가 나에게 책을 읽어달라고 했어요. 지금은 나가야 해서 그럴 시간이 없다고 타일렀더니 이렇게 말하더군요.

"나가기 전에 읽어달라는 게 아니라 집에 온 후에 읽어달라고요."

그래서 제가 말했어요. "조슈아, 너 정말 전과 후의 차이를 잘 알고 있구나!"

조슈아가 자랑스럽게 대꾸했어요. "넵!" 그러더니 잠시 생각하다 이어 말했어요.

"그리고 언제 쿠키를 먹고 싶은지도 알아요. 저녁 먹기 전이요!"

사례

일곱 살인 딸의 장점을 짚어주기로 결심했던 한 아빠는 어느 날 아침에 딸에게 이렇게 말했다고 한다.

"내가 보니 어떤 여자아이가 아침에 혼자 알아서 일어나 아침을 먹고 씻고 옷을 갈아입으며 늦지 않게 학교에 갈 준비를 마칠 줄 아네. 그런 게 바로 자립성이지!"

며칠 후에 딸이 이를 닦고 있다가 아빠를 불러 자기 입을 가리키며 말했단다.

"보세요. 이런 게 바로 깨끗한 이예요!"

보상보다는 "… 하면 도움이 될 것 같아"라고 말하기

많은 부모들의 경험에 따르면, 칭찬은 아이들을 변화시키는 놀라운 힘을 가지고 있다. 칭찬을 해줄수록 아이들은 더 부모의 말을 잘 듣고, 더 열심히 공부하게 된다. 다음이 그런 경험담들이다.

사례

마이클이 나를 불러서 자기가 처음으로 침대를 정리했다고 보여줬어요. 애가 신이 나서 펄쩍펄쩍 뛰었어요. 차마 이불 한쪽은 바닥에

아이 문제의 99%는 부모의 말에서 시작된다

끌리고 다른 한쪽은 짧다는 것을 지적할 수가 없었어요. 그냥 이렇게
말했죠.

"우와, 이불로 침대를 거의 다 덮어놨네!"

다음 날 아침에 아들이 또 나를 불렀어요.

"보세요. 베개까지 다 덮었어요. 이불 양쪽도 똑같이 맞췄고요!"

정말 놀라웠어요. 전에는 아이가 더 잘하게 하려면 잘못한 점들을
지적해야 한다고 생각했는데, 마이클에게 잘한 점을 말해주었더니
자기가 알아서 더 잘하고 싶어 하는 것 같았어요.

사례

나는 아들 한스가 집안에서 뭐든 스스로 알아서 하는 법이 없어
걱정이었어요. 아들이 아홉 살이 되면서부터는 더 많은 책임을 맡겨
야겠다고 생각했죠.

그러던 어느 날 저녁에 아들에게 식탁 좀 차리라고 시켰어요. 보
통 때였다면 어서 하라고 계속 다그쳐야 하는 애인데 이번엔 다그칠
필요도 없이 시킨 대로 하더군요. 나는 한스의 귀에도 들리도록 남편
에게 말했어요.

"여보, 지금 한스가 한 거 봤어? 테이블 매트 깔고 나서 접시, 수
저, 컵까지 놓고는 당신 맥주까지 잊지 않고 내놨어! 맡은 책임을 알
아서 다 해냈다니까."

한스는 눈에 띄는 반응은 보이지 않았어요. 나중에 한스의 동생을
재우러 위층으로 올라가면서 제가 한스에게 15분 후에 올라오라고

말했어요. 한스는 "알았어요"라고 대답했어요.

15분 후에 한스가 잠을 자러 올라왔을 때 이렇게 말해줬어요.

"엄마가 15분 후에 올라와서 자라고 말했는데 정확히 시간을 지켰네. 그런 게 바로 약속을 잘 지키는 사람이야." 한스는 방긋 미소를 지었어요.

다음 날, 저녁을 먹기 전에 한스가 주방으로 들어오며 말했어요.

"엄마, 식탁 차리러 왔어요."

나는 깜짝 놀랐고 이렇게 말해주었어요.

"내가 부르기도 전에 왔네. 정말 고마워!"

그 이후로 여러 가지 변화가 일어났어요. 어느 날 아침엔 시키지도 않았는데 아들이 침대를 정리했고, 또 어느 날 아침엔 아침 먹기 전에 옷을 다 갈아입기도 했어요. 제가 아들의 장점을 찾아봐줄수록 아들이 더 많이 좋아지는 것 같아요.

사례

저는 예전부터 아이에게 보상 방식을 이용했어요. 딸아이가 예의 바르게 행동하지 않을까 봐 걱정이 될 때마다 "얌전히 굴면 아이스크림이나 새 장난감 사줄게"라고 말했죠. 그러면 아이는 그 순간은 얌전히 굴었지만 그다음엔 또 다른 보상을 해줘야 했어요.

얼마 전부터 "얌전히 굴면 … 해줄게" 식의 말을 더는 안 하고 있어요. 그 대신 "… 하면 도움이 될 것 같아"라고 말해요. 그리고 딸이 도움이 되는 행동을 하면 딸에게 그런 행동을 설명해주려 해요.

아이 문제의 99%는 부모의 말에서 시작된다

한 예로 지난주에는 딸에게 할아버지, 할머니가 오시면 반갑게 맞아주는 느낌을 받게 해드리면 도움이 될 것 같다고 말해줬어요. 일요일에 두 분이 오셨을 때 딸은 두 분에게 아주 잘 해드렸어요. 두 분이 가신 후에 딸에게 말했어요.

"멜리사, 할아버지, 할머니가 오셨을 때 네가 아주 기쁘게 해드렸잖아. 농담도 하고 할로윈 때 받은 사탕도 드리고 네가 모은 껌 포장지도 보여드리고. 그런 게 바로 환대야!"

멜리사는 대꾸는 없었지만 얼굴이 환하게 빛났어요.

예전 방식을 썼을 땐 딸이 보상을 받으면서 그 순간만 기분 좋아했어요. 하지만 새로운 방법을 사용하면서 딸아이가 자신에게 만족감을 느끼게 되었어요.

한 글자만 칭찬해도 글자 전체가 바뀌는 마법

아이들은 칭찬하기 힘든 순간에 칭찬을 가장 필요로 한다. 아이가 유난히 못할 때다. 다음의 두 사례는 칭찬하기 힘든 상황에서도 칭찬할 것을 찾아낸 부모들의 이야기다.

사례

작년에 아들의 글씨가 엉망이라고 선생님이 직접 말해주었는데, 꼭 제가 꾸지람 받는 기분이었어요. 그때부터 밤마다 아이에게 지적질을 해댔어요. 숙제를 너무 대충한다느니, 글씨 모양이 서툴다느니 하며 잔소리를 했죠.

몇 달 후에 아들이 그 선생님에게 선생님을 얼마나 좋아하는지 전하는 짧은 편지를 썼어요. 편지에 서명이 빠졌기에 나는 서명을 빼 먹었다고 말해줬더니 아이가 말했어요.

"그래도 선생님은 그게 제가 쓴 편지인지 아실 거예요. 글씨가 엉 망이니까요."

순간 가슴이 철렁했어요. 아이가 그렇게 무덤덤하게 말했던 건 자 신의 글씨가 엉망이고 무슨 수를 써도 소용이 없다는 걸 사실로 받아 들였기 때문이었어요. 그래서 나는 완전히 새롭게 시작했어요. 저녁 에 아이가 숙제를 보여줄 때마다 혼내는 대신 또박또박 쓴 문장이나 단어 하나를, 정 없으면 글자 하나라도 찾아보고 그 부분을 짚어주었 어요. 그렇게 혼내지 않고 부족하지만 칭찬할 점을 찾아 칭찬을 해준 지 몇 달이 지나자 아이의 글씨가 몰라볼 정도로 좋아졌어요.

사례

어느 날 세 살, 일곱 살, 열 살짜리 아이들 셋을 차에 태우고 집에 가고 있을 때였어요. 도중에 일곱 살인 제니퍼가 큼지막한 플라스틱 팝콘통을 열려고 하다가 차에 쏟고 말았죠. 온갖 반응이 밀려들며 머 릿속이 복잡해졌어요.

"무슨 식탐이 그렇게 많아. 집에 갈 때까지도 못 기다리고. 너 때 문에 이게 뭐냐고!"라고 퍼붓고 싶었지만, 그러는 대신 무덤덤한 목

아이 문제의 99%는 부모의 말에서 시작된다

소리로 그 순간의 문제를 설명해줬어요.

"팝콘이 차 여기저기에 쏟아졌네. 진공청소기가 필요하겠다."

집에 도착하자마자 제니퍼는 제 방에서 진공청소기를 가져오려고 안으로 들어갔어요. 하지만 진공청소기를 꺼내면서 화분 하나를 넘어뜨려 방이 흙으로 뒤덮이고 말았어요. 일곱 살 아이가 감당하기엔 너무 버거운 일이었죠. 결국 아이는 감정을 주체 못하고 울음을 터뜨렸어요.

나는 한동안 어떻게 해야 할지 막막했어요. 그러다 딸의 감정을 인정해줘야 한다는 말을 떠올리고는 아이에게 이렇게 말해주었어요.

"너무 버거운 일이지! 정말 답답할 거야!" 그리고 얼마 후에 아이는 마침내 차 안을 치울 만큼 마음이 가라앉았지만 방을 치우는 일은 아직 무리였어요. 딸은 차 안을 다 치운 후에 나를 불러서 보여줬어요. 나는 아이의 행동을 평가하는 대신 이렇게 말했어요.

"아까는 차 안이 팝콘으로 뒤덮여 있었는데 이제는 하나도 없네."

딸이 스스로에게 아주 만족스러워하며 대꾸했어요.

"그러면 이젠 엄마 방 치울게요."

나는 속으로 기뻐하며 "알겠어. 고마워"라고 말했어요.

도저히 불가능할 것 같은 경우인데도 칭찬을 활용했던 부모들도 몇 명 있었다. 아이가 해서는 안 될 행동을 한 경우였는데, 이때 이 부모들은 아이를 꾸짖는 대신 예전에 했던 칭찬받을 만한 행동을 상기시켜서 의욕을 자극했다고 한다. 한 엄마의 이야기를 들어보자.

사례

크리스틴은 여덟 살인데 예전부터 어두운 걸 무서워했어요. 잠을 재우면 화장실에 간다거나 물 마시러 간다거나 우리가 잘 있는지 보고 싶어서라는 등의 핑계를 대며 몇 번씩 침대 밖으로 뛰쳐나왔죠.

지난주에는 집에 딸의 성적표가 왔는데 칭찬으로 가득했어요. 딸은 하루 종일 그 성적표에 감탄하며 혼자 몇 번이고 읽고 또 읽었어요. 그러다 잠들기 직전에 자기 성적표를 가져와서는 이러지 뭐에요.

"책임감이 있고 다른 아이들과 잘 지내며 규칙을 잘 지키고 남들을 존중할 줄 알고 아직 3학년인데도 4학년 수준의 책을 읽는 학생입니다. 이런 학생이라면 있지도 않은 것을 무서워하지 않을 거예요! 저 자러 갈게요."

그날 밤 딸은 잠을 자러 간 후로 다음 날 아침까지 한 번도 나오지 않았어요. 선생님께 성적표의 그 글이 한 어린 소녀에게 얼마나 큰 의미였는지를 꼭 알려드리고 싶어요.

사례

브라이언은 아홉 살인데 지금까지도 여전히 수줍음이 많고 자신감이 부족해요. 요즘엔 아이의 감정에 자주 귀를 기울여주며, 제가 늘 하던 대로 충고를 하기보다는 칭찬을 많이 해줘요. 이틀 전에는 이런 대화를 나눴어요.

브라이언: 엄마, 선생님이랑 문제가 좀 있어요. 그 선생님이 툭하면 저를 지목해서 반 애들에게 저에 대해 얘기하고 그래요.

엄마: 저런.

브라이언: 제가 머리를 잘랐을 땐 이러셨어요. "얘들아, 봐봐. 학교에 새로운 남학생이 왔어."

엄마: 흠.

브라이언: 그리고 새로 산 체크 무늬 바지를 입었을 땐 이러셨어요. "어머나, 멋쟁이 바지 씨 좀 보렴."

엄마: (말하고 싶은 걸 참지 못하고) 선생님과 얘기를 해보면 어떨까?

브라이언: 벌써 얘기해봤죠. "도대체 왜 맨날 저를 가지고 그러시는데요?"라고 했더니 선생님이 나무라셨어요. "한 번만 더 그런 무례한 말을 했다간 교장실로 보낼 줄 알아." 엄마, 저 너무 우울해요. 어떻게 하죠? 교장 선생님에게 가서 말씀드리면 선생님이 절 꾸짖을 거예요.

엄마: 흠.

브라이언: 음, 그냥 참고 견뎌볼까봐요. 이제 30일밖에 안 남았으니까요.

엄마: 그렇지.

브라이언: 아니, 못 참아요. 엄마가 저랑 같이 학교에 가주는 게 좋을 거 같아요.

엄마: 브라이언, 나는 네가 이런 상황을 다룰만큼 컸다고 생각해. 너를 아주 신뢰하고 있어. 아마도 넌 적절히 잘해낼 거야. (입맞춤과 포옹을 해준다.)

이튿날 브라이언이 교장 선생님에게 갔는데 교장 선생님이 교장실에 찾아온 용기를 기특해 하셨어요. 그리고 브라이언이 자신의 고민을 털어놓을 만큼 강한 아이이고, 고민상담 상대로 교장 선생님을 생각해서 기쁘다고도 하셨어요.

사례

이번 사례는 한 코치의 설명적 칭찬이 어린 축구 팀의 의욕을 자극하는 데 얼마나 효과적이었는지를 잘 보여준다. 9~10세로 구성된 이 팀의 모든 선수들은 매번 게임이 끝난 후에 코치에게 다음과 같은 편지를 받았다.

토마록스 팀원들에게,

일요일에 너희는 그야말로 최강팀이었다. 공격에서 6골을 폭발시키며 올해 경기 중 최고의 성적을 냈다. 수비에서는 경기 내내 공이 골대 근처에도 못 가게 잘 막으며, 경기의 결과에 더는 의심의 여지가 없던 상황에서도 단 한 골만을 허용했다.
연습은 토요일, 윌렛츠 필드에서 오전 10:00~11:14에 있을 예정이다.
그때 보자.

9월 16일 밤 고든 코치

토마록스 팀원들에게,

대단한 경기였고 대단한 팀이었다!

리그 상위권 팀을 압박 수비로 막았을 뿐만 아니라 슈팅 시도도 몇 차례밖에 못하게 저지했다. 무엇보다도, 이 골들이 주로 훌륭한 패스와 훌륭한 위치 선정의 결과라는 점이 인상적이었다. 오늘의 승리는 말 그대로 팀의 승리로서, 모든 선수가 경기에 중요한 기여를 했다.

시즌이 어떻게 끝나든 너희 모두가 이번 시즌의 경기 방식에 자부심을 가질 만하다. 연습은 평상시처럼 토요일에 윌렛츠 필드에서 오전 10:00~11:15이다.

그때 보자.

10월 23일 밥 고든 코치

CHAP 3

부모들이 꼭 알아야 할
칭찬의 원칙 Q&A

Q. 다른 방식으로 칭찬하는 것에 익숙해지려고 노력하고 있는데, 가끔씩 깜빡하고 "대단해" 혹은 "굉장해"라는 말을 무심코 내뱉곤 해요. 어떻게 하면 좋을까요?

그런 식으로 첫 반응을 해도 괜찮아요. 진심으로 흥분해서 "대단하다!"라고 외치면 아이는 목소리만으로도 당신이 얼마나 흥분하고 들떠 있는지 느낄 수 있을 거예요. 그런 다음에 당신이 얼마나 높이 인정하고 있는지 아이가 알 수 있도록 자세히 설명해주세요. "회사에서 정말 힘든 하루를 보내서 피곤했는데 집에 와서 마당을 깨끗이 쓸어놓은 것을 보고 너 같은 아들이 있어서 정말 행복하다고 생각했어." 이런 식으로 구체적인 설명과 함께 칭찬을 해주면 그냥 "대단해"라고 말해주는 것보다 좋은 칭찬이 된답니다.

아이 문제의 99%는 부모의 말에서 시작된다

Q. 아이가 내내 잘하지 못하다 마침내 제대로 행동하게 되었을 때는 어떻게 칭찬해줘야 할까요?

이전 행동을 깎아내리지 않으면서 진심으로 아이의 행동을 인정하고 칭찬하는 말을 해주고 싶을 때 가장 안전한 방법은 자신의 감정을 설명해주는 거예요. 예를 들어 "나는 오늘 우리 가족 나들이가 특히 더 즐거웠어"라고 말해보세요. 그러면 아이는 다른 말을 하지 않아도 당신이 더 즐거웠던 이유를 알고 있을 거예요.

Q. "네가 정말 자랑스러워"라고 말하며 아이를 칭찬해줘도 괜찮을까요?

당신이 어렵고 중요한 시험을 대비해서 일주일 동안 열심히 공부해서 우수한 점수로 시험에 통과했다고 생각해볼까요? 그래서 친구에게 전화해 그 기쁜 소식을 전했더니 친구가 "네가 정말 자랑스러워!"라고 했어요. 친구에게 이런 대답을 들었을 때 당신은 어떤 느낌일까요? 왠지 시험 결과의 핵심이 당신의 성취에서 그 친구의 자랑스러움으로 바뀐 것 같은 느낌이 들 수도 있어요. 그러니 "네가 정말 자랑스러워"라는 말보다는 "정말 큰일을 해냈네! 너 자신이 정말 자랑스럽겠다!"라고 말해주면 아이도 자신에 대해 더 큰 자부심을 가질 수 있을 거예요.

Q. 지난주에 아들이 수영대회에서 상을 탔어요. 저는 아들에게 "난 조금도 놀라지 않았어. 네가 잘 해낼 줄 알았으니까"라고 말해주

었어요. 그랬더니 아들은 저를 이상하게 쳐다봤어요. 아들의 자신감을 높여주려고 했던 말인데, 제가 잘못 말한 건가요?

"네가 잘 해낼 줄 전부터 알고 있었어"라고 말하면 아이는 "아버지는 도대체 어떻게 내가 우승할지 아셨을까? 나도 몰랐는데"라고 생각할 수도 있어요. 그런 말은 아이의 성취보다 부모가 모든 것을 잘 알고 있다는 사실에 초점을 맞춘 말이라고 할 수 있어요. 그러니 아이를 칭찬할 때는 아이가 성취한 것에 중점을 두고 "몇 달간의 연습과 꿋꿋한 결의가 이런 상으로 나타났구나!"라는 식으로 말을 해는 것이 중요합니다.

Q. 제 아들은 칭찬을 많이 받는데도 여전히 실패하는 것을 두려워해서 뭐든 쉽게 포기해버려요. 이런 아들을 위해 뭘 해줄 수 있을까요?

그런 아이들에게는 다음과 같은 여러 가지 방법으로 도움을 줄 수 있어요.

첫째, 아이가 속상해 할 때는 아이의 스트레스를 너무 가볍게 여기지 말고 아이가 느낄 것 같은 감정을 툭 터놓고 함께 이야기해보세요. 가령 "아주 오래 공들인 프로젝트에서 원하던 결과를 얻지 못하면 실망스러울 수 있지!"라고 말해주세요. 이렇게 자신의 실망감을 인정받으면 아이도 좀 더 편한 마음으로 자신의 실패를 받아들이게 될 거예요.

둘째, 부모가 먼저 아이의 실수를 편하게 받아들이면서 실수를 통

아이 문제의 99%는 부모의 말에서 시작된다

해 새로운 것을 배울 수 있다는 사실을 알려주세요. 그러면 아이 역시 자신의 실수를 배움의 과정으로 인식하는 데 도움이 됩니다.

셋째, 부모가 먼저 자신의 실수를 받아들이는 모습을 보여주세요. 부모가 자신의 실수에 대해 자책하면서 "또 열쇠를 까먹고 나왔네. 나는 대체 왜 이 모양이지? 어떻게 이렇게 바보 같은지"라는 식으로 말하면 아이들은 역시 실수를 했을 때 적절한 반응은 자책을 하는 것이라고 생각하게 됩니다. 그러니 아이에게 더 인간적인 모습, 실수에 집착하지 않고 문제를 해결하기 위해 나아가는 모습을 보여주세요. 하지 않았다면 좋았을 행동을 할 경우엔 그 기회를 붙잡아 스스로에게 큰 소리로 말하세요. "에이, 열쇠를 까먹고 나오지 않았으면 좋았을 텐데. 이번이 두 번째야. 어떻게 하면 또 다시 이런 일이 생기지 않게 할 수 있을까? 그래, 열쇠를 복제해서 나만 아는 비밀 장소에 놔두면 되겠네."

자신을 친절하게 대하는 모습을 보여주며 아이도 세상 그 누구보다 자신에게 친절해야 한다는 사실을 가르쳐주세요.

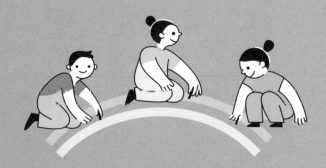

How To Talk So
Kids Will Listen

PART
6

아이의 부정적 자아상을
깨뜨리는
신뢰의 말

부모의 말 한마디가
아이의 미래를 바꾼다

나는 지금도 아들 데이비드가 태어났던 순간을 생생하게 기억한다. 5초가 지나도록 아이가 숨을 쉬지 않았다. 나는 덜컥 겁에 질렸다. 간호사가 손바닥으로 아이 등을 찰싹 때렸지만, 아무 반응이 없었다. 긴장이 되어 견딜 수 없이 괴로웠다. 그때 간호사가 말했다.

"고집이 센 아이네요!"

잠시 후 드디어 아이가 울었다. 갓 태어난 아기의 귀청을 찢는 듯한 울음소리에 말로 설명할 수 없는 안도감이 밀려들었다. 하지만 시간이 지나면서 문득 의아해졌다.

"얘가 정말 고집이 센 아이일까?"

아들을 병원에서 집으로 데려왔을 무렵엔 그 간호사의 말을 제대로 고쳐 생각했다. 바보 같은 여자의 바보 같은 말이라고. 생후 30초도 안 된 갓난아기에게 꼬리표를 붙인다는 게 말이 되는가!

하지만 이후 몇 년 동안 아들이 내가 아무리 토닥토닥 달래고 흔들어줘도 울음을 그치지 않을 때나 새로운 음식은 먹어보려고도 하지 않을 때, 낮잠을 안 자려 버틸 때, 놀이방 버스에 타길 꺼릴 때, 날씨가 추운데도 스웨터를 안 입으려 할 때마다 머릿속을 스치는 생각이 있었다.

"그 간호사 말이 맞았네. 정말 고집이 센 녀석이야."

그런 생각을 하다니, 내가 어리석었다.

'고집쟁이'라고 말하는 순간 '고집쟁이'가 된다

아이에게 배움이 더딘 유형이라는 꼬리표를 붙이면 아이는 어느 순간부터 스스로를 배움이 더딘 사람으로 여기게 될 수 있다. 아이를 말썽꾸러기로 바라보면 아이가 자신이 얼마나 말썽꾸러기가 될 수 있는지를 보여주기 시작할 수 있다. 아이에게 꼬리표를 붙이는 일은 무슨 일이 있어도 피해야 한다. 이 말에는 나도 전적으로 동감했지만, 그래도 자꾸만 데이비드를 '고집 센 아이'로 생각하게 되었다.

내가 얻은 유일한 위안은 나만 그런 게 아니라는 점이었다. 적어도 일주일에 한 번은 어디에선가 어떤 부모가 다음과 같은 말을 하는 소리를 들었다.

"큰애는 문제아인데 막내는 즐거움을 줘요."

"바비는 문제아 같은 기질을 타고났어요."

"빌리는 잘 속아 넘어가요. 누구에게나 이용당하기 딱 좋은 호구라니까요."

"마이클은 우리 집의 변호사예요. 뭐든 척척 대답하죠."

"이제는 줄리에게 뭘 먹여야 할지 답답해요. 음식을 어찌나 가리는지 몰라요."

"리치에게는 뭐든 새 것을 사줘봐야 돈 낭비예요. 손만 댔다 하면 다 망가뜨려요. 망가뜨리기 선수해요."

나는 이런 아이들에게 어떻게 해서 처음으로 이런 꼬리표가 붙게 되었을지 궁금했다. 몇 년에 걸쳐 가정 내에서 벌어지는 상황에 대해 듣고 난 후에야 나는 아주 사소한 계기로 아이에게 이런 꼬리표를 붙이게 된다는 사실을 알게 되었다. 예를 들어 이런 식이다.

어느 날 아침 메리가 남동생에게 "내 안경 좀 갖다줘"라고 말한다.

"누나가 가져와. 대장 행세 하지 말라고." 동생이 대꾸한다.

그 뒤에 메리가 이번엔 엄마에게 말한다.

"머리 좀 빗겨주세요. 엉킨 데 없게 잘 빗겨주세요."

엄마가 말한다.

"메리, 얘가 또 대장 행세를 하네."

또 그 뒤에 메리가 아빠에게 말한다.

"지금은 말 걸지 마세요. TV 보고 있잖아요."

아빠가 대꾸한다.

"아주 대장님 납셨구만!"

아이 문제의 99%는 부모의 말에서 시작된다

이러는 사이에 이 아이는 조금씩 이런 상황에 맞게 행동하게 된다. 어쨌든 모두가 메리에게 대장 행세를 한다고 말한다면 메리로선 그렇게 행동하는 것이 당연한 일이 되어버린다.

이쯤에서 이런 의문이 들 수도 있다. "말로 직접 내뱉지 않고 속으로만 아이가 대장 행세한다고 생각하는 건 괜찮지 않을까?" 하지만 아이에 대한 부모의 생각조차 아이의 자아관에 영향을 미칠 수 있다. 지금부터 아이에 대한 부모의 생각과 아이의 자아관 사이의 관계를 더 확실하게 알아보기 위해 한 가지 실험을 해보자. 다음의 세 가지 상황에서 당신이 각각의 상황에 놓인 아이라고 상상해보자.

상황 1

당신은 여덟 살 난 아이이다. 어느 날 저녁, 거실로 나와 보니 부모님이 커다란 조각 퍼즐 맞추기를 하고 있다. 그 모습을 보자마자 당신은 퍼즐 맞추기를 같이 해도 되는지 묻는다.

엄마가 말한다.

"벌써 숙제 끝낸 거야? 그걸 다 이해할 수 있었다고?"

"네"라고 대답한 후에 다시 퍼즐 맞추기를 같이 해도 되는지 묻는다.

엄마가 다시 묻는다. "정말로 숙제 다 이해한 거 맞아?"

아빠도 엄마의 말을 거들며 말한다. "좀 이따 내가 가서 수학 숙제 확인할 거다."

당신은 또 다시 퍼즐 맞추기를 하게 해달라고 한다.

아빠가 말한다. "엄마랑 내가 퍼즐 맞추는 걸 잘 보고 있으렴. 그러면 네가 잘하는지, 퍼즐조각 하나를 맞춰보게 해줄게."

당신이 퍼즐조각 하나를 맞춰 끼우려고 할 때 엄마가 말한다. "아니지. 그 조각은 한쪽 끝이 일직선인 거 안 보여? 한쪽 끝이 직선인 조각이 어떻게 퍼즐 가운데에 들어갈 수 있겠니!" 그리고는 한숨을 푹 내쉰다.

부모님은 당신을 어떻게 생각하고 있을까? _____
_____
_____

당신을 바라보는 부모님의 시각에 어떤 기분이 드는가? _____
_____
_____

상황 2

앞의 상황에서처럼 당신이 거실로 나와 보니 부모님이 조각 퍼즐 맞추기를 하고 있다. 당신은 같이 해도 되느냐고 묻는다.

엄마가 말한다. "다른 거 할 거 없어? 가서 TV를 보지 그러니?"

그때 갑자기 눈에 퍼즐의 굴뚝 조각 하나가 들어와 그 조각으로 손을 뻗는다.

엄마가 말한다. "조심해! 그러다 우리가 맞춰놓은 퍼즐 엉망 될

아이 문제의 99%는 부모의 말에서 시작된다

라."

아빠도 한마디 거든다. "우리도 좀 평화로운 시간을 갖게 해주면 안 되니?"

당신은 "제발요. 이 조각 하나만요!"라고 애원하자 엄마가 "좋아, 한 조각만이야. 더는 안 돼!"라고 말하며 고개를 내젓는다.

부모님은 당신을 어떻게 생각하고 있을까? _____

_____

_____

당신을 바라보는 부모님의 시각에 어떤 기분이 드는가? _____

_____

_____

상황 3

앞의 상황과 똑같이 당신은 조각 퍼즐 맞추기 중인 부모님을 보자 구경하려고 더 가까이 간다.

당신이 "저도 같이 해도 돼요?"라고 묻는다.

엄마가 고개를 끄덕이며 말한다. "그럼, 네가 그러고 싶으면 되고 말고."

아빠가 "의자를 이쪽으로 끌고 와"라고 말하며 자리를 내준다.

당신은 구름의 조각이라는 확신이 드는 조각 하나를 보고 그 조각을 끼워보려 했지만, 그 자리에 맞지 않는다.

"거의 맞췄는데 아깝다!" 엄마가 말한다.

"끝쪽이 일직선인 조각은 대개 가장자리에 맞아." 아빠가 다정하게 이야기한다.

부모님은 계속해서 퍼즐을 맞추고, 당신은 잠시 맞춰지는 그림을 살펴본다. 그러다 마침내 들고 있던 조각의 제자리를 찾게 된다.

"보세요. 여기가 맞아요!"

당신의 말에 엄마가 방긋 미소를 짓는다.

아빠가 말한다. "그 조각의 자리를 정말 끈기 있게 찾아냈구나."

부모님은 당신을 어떻게 생각하고 있을까? _____

_____

_____

당신을 바라보는 부모님의 시각에 어떤 기분이 드는가? _____

_____

_____

부모의 시각이 변하면 아이의 행동도 바뀐다

위의 연습 문제를 통해서 알 수 있듯이, 아이들은 부모님이 자신

아이 문제의 99%는 부모의 말에서 시작된다

을 어떻게 생각하는지 너무 쉽게 알 수 있다. 때로는 단 몇 마디의 말, 한 번의 표정, 하나의 어조만으로도 당신을 '더디고 멍청'하거나 '성가신' 아이로 여기는지, 호감이 가고 재능이 있는 아이로 여기는지를 알 수 있다. 부모가 당신을 어떻게 생각하는지는 대체로 몇 초 사이에 전달된다. 그 몇 초를 부모와 자녀 사이에 일상적으로 갖는 접촉 시간으로 곱해 환산해보면 어린아이들이 자신에 대한 부모의 관점에 얼마나 큰 영향을 받는지 새삼 깨닫고 놀라게 된다. 이런 부모의 태도는 아이가 자신에 대해 느끼는 감정만이 아니라 아이의 행동에까지 영향을 미친다.

이번 연습 문제를 해보며 부모가 당신을 '더딘' 아이로 여겼을 땐 자신감이 차츰 사라지는 느낌이 들지 않았는가? 퍼즐을 더 맞추려 시도를 해볼 엄두조차 못 낼 것 같지 않았는가? 다른 사람들만큼 빠르지 않은 자신에게 좌절감이 들지 않았는가? "해봐야 뭐해?"라는 생각이 들지 않았는가?

'성가신 사람'처럼 여겨졌을 땐 떠밀려나지 않기 위해 자신을 내세워야겠다는 기분이 들지 않았는가? 거절당하는 것 같아 좌절감이 느껴지진 않았는가? 아니면 화가 나거나 그 짜증 나는 퍼즐을 엉망으로 만들어버려 앙갚음 하고 싶은 마음이 들 수도 있다.

호감 가고 재능 있는 사람으로 여겨졌을 땐 어땠는가? 호감 가고 재능 있는 사람답게 행동할 수 있을 것 같은 기분이 들지 않았는가? 몇 번 퍼즐을 잘못 맞췄다면 포기하고 싶어졌을 것 같은가, 아니면 다시 해보려는 의지가 생겼을 것 같은가?

당신이 어떤 반응을 일으켰든 결론적으로 말해 부모가 아이를 바라보는 관점은 아이의 자아관뿐만 아니라 행동 방식에까지 영향을 미칠 수 있다. 하지만 어떤 이유에서든 아이에게 부정적인 꼬리표가 붙은 상태라면 어떨까? 아이는 자신에게 붙은 꼬리표처럼 행동하게 되지는 않을까? 아무리 사소한 것이라도 아이에게 어떤 식으로든 꼬리표를 붙이는 것은 아이가 자유롭게 자신의 재능을 펼치지 못하게 만들어 그 역할에 가두어두는 것과 다름없다.

다음은 내용은 아이들이 특정한 역할이나 꼬리표에 갇히지 않고 자유롭게 자신의 특성을 발달시키며 성장하도록 하기 위해 부모들이 사용할 수 있는 방법이다. 이 내용을 자세히 살펴보고 자신의 아이에게 적용할 수 있는 방법을 생각해보자.

아이를 변화시키는 여섯 가지 방법
- 아이에게 새로운 자아상을 보여줄 만한 기회를 찾는다.
- 아이가 자신을 다르게 볼 수 있는 상황에 놓이게 해준다.
- 자신의 긍정적인 면에 대해 얘기하는 소리를 아이가 엿듣게 해준다.
- 아이가 했으면 하는 행동을 당신이 모범으로 보여준다.
- 아이의 특별한 순간들을 꺼내주는 기억창고가 되어준다.
- 아이가 예전의 꼬리표대로 행동하면 당신의 감정과 기대를 말해준다.

아이 문제의 99%는 부모의 말에서 시작된다

◆ 아이에게 자신의 새로운 모습을 볼 수 있는 기회를 준다 ◆

물건을 잘 망가뜨리는 아이

반찬 투정을 하는 아이

행동이 더딘 아이

의존적인 아이

아이의 부족한 부분보다는 아이가 가지고 있는 장점을 부각해서 이야기해주면 아이도 자신의 새로운 모습을 발견하고 그 능력을 더 발전시킬 수 있다.

◆ 아이가 자신을 다르게 볼 수 있는 상황을 만들어준다 ◆

말썽꾸러기 아이

덜렁거리는 아이

손재주가 없는 아이

욕심이 많은 아이

아이가 자신의 새로운 모습을 찾을 수 있는 상황을 만들어주면 아이들이 자존감과 자신감을 얻는 데 도움이 된다.

◆ 자신의 긍정적인 면에 대해 얘기하는 소리를 아이가 엿듣게 해준다 ◆

엄살이 많은 아이

말썽을 많이 부리는 아이

자신의 긍정적인 면에 대해 이야기하는 것을 들은 아이는 더 긍정적인 방향으로 행동하기 위해 노력한다.

◆ 아이가 했으면 하는 행동을 부모가 모범으로 보여준다 ◆

패배를 인정하지 않는 아이

정리정돈을 못하는 아이

아이가 올바른 행동을 하길 원한다면 부모가 먼저 그 행동을 보여주어 아이에게 모범을 보여줄 수 있다.

◆ 아이의 특별한 순간을 꺼내주는 기억창고가 되어준다 ◆

운동 신경이 둔한 아이

아이가 과거에 했던 바람직한 행동에 대한 기억을 상기시켜주면 아이가 스스로 자신감을 회복하는 데 도움이 된다.

◆ 아이가 예전의 꼬리표대로 행동하면 당신의 감정과 기대를 말해준다 ◆

욕심을 부리는 아이

떼를 쓰는 아이

물건을 망가뜨리는 아이

패배를 인정하지 못하는 아이

아이의 행동이 쉽게 변하지 않을 때는 부모가 느끼는 감정이나 기대하는 바를 솔직하게 이야기
해주어야 한다.

아이가 자신을 다르게 생각하도록 도와주기 위해 꼭 이 장에서 소개한 방법들만 사용해야 하는 건 아니다. 이 책에 나오는 모든 방법들이 아이들의 행동에 변화를 가져오는 데 도움이 된다. 예를 들어, 예전에 아들을 '깜빡하길 잘하는 애'라고 부르던 한 엄마는 아들이 자신을 기억하고 싶을 땐 잘 기억하는 사람으로 생각하도록 도와주려고 다음과 같은 쪽지를 남겼다.

조지에게,

오늘 네 음악 선생님이 전화를 하셔서 네가 지난번에 오케스트라 리허설에 트럼펫을 두 번이나 가져오지 않았다고 하시더구나. 나는 네가 이제부터는 트럼펫 가져가는 걸 잊지 않고 떠올릴 방법을 찾아낼 거라고 믿어.

엄마가

한 아버지는 아들을 깡패로 부르는 대신 문제 해결 방법을 써보기로 마음먹고 이렇게 말했다. "제이슨, 숙제에 집중하려고 애쓰고 있는데 동생이 휘파람을 불면 화가 난다는 건 알지만 때리는 건 안 돼. 다른 방법으로 조용히 시켜보면 어떨까?"

아이가 자신을 다르게 생각하도록 도와준다는 것은 쉬운 일이 아니다. 부모에게 이보다 더 어려운 요구는 없을지도 모른다. 아이가 한동안 잘못된 행동을 되풀이 할 때 부모로서 "얘가 또 그러네!"라고 호통치며 부정적 행동을 더 부추기지 않기 위해서는 상당한 자제심이 필요하다. 그동안 아이에게 붙어 있던 부정적이 꼬리표에서 자유롭게 해주기 위해서는 의지력도 필요하다. 다음의 질문에 답해보자.

1. 내 아이가 그동안 집에서나 학교에서, 또는 친구들이나 가족들 사이에서 맡아왔던 역할이 있을까? 있다면 어떤 역할인가?

_____

_____

2. 그 역할에서 긍정적인 면은 어떤 것인가? (예를 들면 '말썽꾸러기' 역할에서의 장난기나 '몽상가' 역할에서의 상상력 등)

_____

_____

3. 아이가 자신을 어떻게 생각했으면 좋겠는가? (책임질 줄 아는 사람이나 포기하지 않고 끝까지 해내는 사람 등)

_____

_____

다음의 방법들을 살펴보고 각각의 방법을 실천에 옮기기 위해 할

아이 문제의 99%는 부모의 말에서 시작된다

수 있는 말들을 적어보자.

1. 아이에게 새로운 자아상을 보여줄 기회를 찾는다.

_____

_____

2. 아이가 자신을 다르게 생각할 수 있는 상황을 만들어준다.

_____

_____

3. 아이가 자신의 긍정적인 면에 대한 얘기를 엿듣게 한다.

_____

_____

4. 아이가 했으면 하는 행동을 당신이 모범으로 보여준다.

_____

_____

5. 아이의 가장 좋은 순간들을 꺼내주는 기억창고가 되어준다.

_____

_____

6. 아이가 예전의 꼬리표대로 행동하면 당신의 감정과 기대를 말해준다.

_____

_____

7. 이 외에도 효과가 있을 만한 또 다른 기술이 생각나는 건 없는가?

_____

_____

아이에 대한 시각을 변화시키는 일곱 가지 방법

방금 마친 연습 문제는 나도 수년 전에 해본 적이 있다. 그럴 만한 나름의 계기가 있었다. 어느 날 저녁 보이스카우트 모임에 참석한 아들을 데리러 갔는데 보이스카우트 단장이 잠시 보자는 신호를 보내 옆방으로 그와 함께 들어가게 되었다. 단장은 표정이 심각했다.

"무슨 일로 보자고 하신 건지?" 내가 초조하게 물었다.

"데이비드의 일로 얘기 좀 하고 싶어서요. 저희 사이에 문제가 약간 있습니다."

"문제라뇨?"

"데이비드가 지시를 따르질 않습니다."

"제가 잘 이해가 안 가는데 어떤 지시를 안 따른다는 건가요? 지금 하고 있는 프로젝트 말씀이신가요?"

단장이 참을성 있게 미소를 지으려 애쓰며 말했다.

"올해 초 이후로 진행한 모든 프로젝트입니다. 아드님은 머릿속에 어떤 생각이 있으면 어떻게 해도 그 생각을 바꿔놓을 수가 없습니다. 자기 나름의 방식을 가지고 있어서 알아듣게 말을 해도 통하지 않아요. 솔직히 말하자면 다른 애들이 이제는 아드님에게 좀 질린 상태입니다. 집에서도 고집이 센가요?"

내가 어떻게 대답했는지는 기억나지 않는다. 아무튼 뭐라고 중얼중얼 말한 후 데이비드를 내몰 듯 데리고 나와 차에 태우며 부랴부랴 그곳을 떠나왔다. 데이비드는 집으로 오는 동안 말이 없었다. 데이비드가 결국엔 정체가 '탄로난' 것 같은 기분이었다. 몇 년 동안 나는 아들이 집에서 조금 고집을 부리는 정도라고만 생각하고 있었다. 하지만 이제는 진실로부터 도망칠 길이 없었다. 내가 마주하지 않으려 했던 것을 바깥세상에서 확인해준 셈이었다. 데이비드는 고지식하고 고집 세고 융통성이 없는 애였다.

그날 나는 잠들지 못하고 아들을 책망했고, 툭하면 아들을 보고 '고집쟁이'나 '황소처럼 고집이 세다'라고 말했던 나 자신을 탓했다. 그러다 다음 날 아침이 되어서야 아들에 대한 단장의 관점을 균형 있는 시각으로 보며 데이비드에게 도움이 되어줄 방법을 생각하기 시작했다.

한 가지는 확실했다. 내가 외부 사람의 의견을 무조건 받아들여

데이비드를 더 고집스러운 아이로 몰아넣지 않는 것이 중요했다. 내가 할 일은 아들의 장점을 찾아 지지해주는 것이었다. 가만히 보면 데이비드는 '의지가 강하고, 또 '강단이 있는' 아이였다. 하지만 포용력과 유연성을 발휘할 줄도 알았다. 바로 그런 면을 확실히 드러내줘야 했다.

나는 아이가 자신을 다르게 생각하도록 도와주기 위한 기술들을 내가 아는 대로 모두 적었다. 그런 다음 예전에 데이비드가 선뜻 내켜하지 않았던 상황들을 떠올려봤다. 이어서 그런 상황이 다시 일어난다면 내가 뭐라고 말해주는 게 좋을지를 생각하며 다음과 같은 구상을 내놓았다.

1. 아이에게 자신의 다른 모습을 찾을 수 있는 기회를 주기
"데이비드, 넌 그냥 집에 있으면서 친구하고 놀고 싶었는데도 우리랑 할머니 집에 같이 가기로 했어. 그건 너 자신을 '희생한' 일이었어."

2. 아이가 자신을 다르게 생각할 수 있는 상황을 만들어주기
"가족들이 다 서로 다른 식당에 가고 싶어 하는 것 같아. 데이비드, 너라면 이렇게 꽉 막힌 상태를 해결할 만한 좋은 아이디어를 떠올릴 수 있을 것 같은데."

3. 아이가 자신의 긍정적인 면에 대한 얘기를 엿듣게 하기

아이 문제의 99%는 부모의 말에서 시작된다

"아빠, 데이비드하고 제가 오늘 아침에 타협을 봤어요. 데이비드는 장화를 신기 싫어했고 저는 데이비드가 학교에서 젖은 발로 있는 게 싫었는데 마침내 데이비드가 아이디어를 생각해냈어요. 낡은 스니커즈를 신고 학교에 가면서 갈아 신을 양말이랑 멀쩡한 스니커즈도 가져가겠다고요."

4. 아이에게 기대하는 행동을 직접 모범으로 보여주기
"정말 실망이야! 오늘 밤에 영화를 보려고 벼르고 있었는데 아빠의 말을 듣고 우리가 농구 시합에 가기로 했다는 게 생각났어. 아, 그래, 영화는 한 주 미루면 되겠다."

5. 아이의 특별한 순간을 꺼내주는 기억창고 되어주기
"처음에 네가 그 보이 스카우트 캠프에 가는 것에 아주 거부감을 가졌던 때가 기억나네. 그래도 그때 넌 차츰 그 캠프에 대해 생각도 좀 해보고 관련 글을 읽어보고 캠프에 가는 다른 애들하고 얘기도 하고 그랬지. 그러더니 한번 가보자고 스스로 마음먹었어."

6. 아이가 예전의 꼬리표대로 행동할 땐 당신의 감정과 기대를 말해주기
"데이비드, 결혼식에 낡은 청바지를 입고 가면 사람들이 보기에 실례되는 행동이야. 네가 그 결혼식을 우습게 여기는 것 같은 인상을 줘. 그러니까 정장에 타이를 매는 게 아무리 싫더라도 나는

네가 자리에 맞는 옷을 입었으면 좋겠어."

7. 그 외에 도움이 될 만한 다른 방법을 찾아보기

데이비드의 부정적 감정을 더 받아들여주기. 선택권 더 주기. 문제 해결 방식 더 활용해보기.

이런 연습 문제 덕분에 나는 데이비드의 지도 방향을 바꾸게 되었다. 아들을 새로운 관점에서 바라보며 차츰 눈에 띄는 모습대로 아들을 대할 수 있었다. 그렇다고 하룻밤 사이에 극적인 성과가 나타난 건 아니었다. 어떤 날은 아주 순조로웠다. 내가 유연성을 발휘하는 능력을 더 인정해줄수록 아들이 유연성을 더 잘 발휘하는 것 같았다. 하지만 어떤 날은 징글징글하도록 끔찍했다. 분노와 좌절감을 느끼며 다시 원점으로 돌아가면서 또 다시 아들과 소리를 지르며 말싸움을 벌이곤 했다. 하지만 오랜 시간이 지나도록 단념하지 않았다. 아들은 어느새 훌쩍 컸다.

얼마 전에 알아듣게 말해도 듣지 않으려 해서 너무 화가 난 나는 나도 모르게 '황소고집'이라고 타박했다.

아들은 깜짝 놀란 모양인지 잠시 말이 없다가 물었다.

"엄마한텐 제가 그렇게 보여요?"

"저기, 내가 … 내가 …" 나는 당황해서 말을 더듬었다.

"괜찮아요, 엄마. 엄마 덕분에 저 자신에 대한 또 다른 견해를 알게 되었어요."

아들이 다정하게 말했다.

- 아이에게 새로운 자아상을 보여줄 기회를 찾는다.
  "그 장난감을 세 살 때부터 가지고 놀았는데 지금도 새것 같네!"

- 아이가 자신을 다르게 볼 수 있는 상황에 놓이게 해준다.
  "사라, 드라이버 가져와서 이 서랍장의 손잡이 좀 달아줄래?"

- 아이가 자신의 긍정적인 면에 대한 얘기를 엿듣게 한다.
  "애가 아픈 주사를 맞으면서도 울지도 않았다니까."

- 아이가 했으면 하는 행동을 직접 모범으로 보여준다.
  "패배를 깨끗하게 받아들일게. 이긴 거 축하해!"

- 아이의 특별한 순간을 꺼내주는 기억창고가 되어준다.
  "그때가 기억나네. 네가…"

- 아이가 예전의 꼬리표대로 행동하면 당신의 감정과 기대를 말
  해준다.
  "그러는 거 마음에 안 들어. 네가 감정이 아무리 격해도 스포츠맨
  십을 보여주면 좋겠어."

아이의 가능성을 열어주는 부모의 말

지금부터는 아이를 꼬리표에서 해방시켜준 강단 있는 부모들의 경험담을 들어보자.

사례

아이들을 역할에 갇히게 하는 문제에 대해 부모들과 모임을 갖은 후 아들을 대하던 나의 태도와 말에 대해서 다시 생각하게 되었어요.

"너 자신을 제대로 볼 수 있으면 좋겠어. 너 지금 정말 멍청이 같이 굴고 있다고."

"너는 왜 맨날 사람들의 일을 방해하니?"

"아무래도 너에겐 더는 기대를 안 하는 게 좋겠다. 가만 보니 넌 정말 못돼먹은 녀석이야."

"너한텐 친구도 하나 없을 거다."

"나이에 맞게 좀 행동해. 너 지금 두 살 아이처럼 굴고 있어."

"정말 지저분하게 먹네. 언제쯤 음식 먹는 법을 제대로 배울지 갑 갑하다."

나는 아들이 쉽게 변하지 않을 거라고 생각하고 아들을 강하게만 밀어붙였어요. 그러던 와중에 이번 주엔 아들의 선생님과 면담을 가 졌다가 아들이 철이 없다는 불만을 듣게 되었어요. 얼마 전까지만 해 도 저 역시 그 선생님의 생각과 같았을 테지만 그날은 선생님의 말을 듣고 망치로 세게 맞은 듯 정신이 번쩍 들었어요. 상황이 더 이상 나 빠질 수 없는 지경에 이르렀다는 것을 깨닫고 우리 모임에서 배운 것 들을 시도해보기로 마음먹었죠.

처음엔 너무 화가 나서 아들을 자상하게 대할 수가 없었어요. 그렉 에게 긍정적인 피드백이 필요하다는 건 알았지만 말로 전하기는 힘들 었어요. 그래서 아들이 어떤 일을 처음으로 잘했을 때 메모를 썼어요.

그렉에게,

- -

어제는 기분 좋은 하루였어. 네가 주일학교 카풀에 늦지 않게 나가 서 내가 편했어. 네가 일어나서 옷을 갈아입고 나를 기다려준 것도 좋았고. 고마워.

엄마가

며칠 후에는 아들을 치과에 데려가야 했어요. 아들은 아니나 다를까 그날도 병원을 이리저리 뛰어다니기 시작하더군요. 나는 시계를 풀어 아들에게 건네주며 "나는 네가 5분간 가만히 앉아 있을 수 있다는 거 알아"라고 말했어요. 그러자 아들은 놀란 얼굴을 하더니 자기 차례가 될 때까지 조용히 있었어요.

치과 진료가 끝난 후 저는 한 번도 해본 적 없던 일을 했어요. 아들만 따로 데리고 나가 핫초코를 사주었고, 그날 같이 보낸 시간이 즐거웠다고 말해줬어요. 그런 사소한 일들이 정말로 그렉을 변화시켰다는 게 믿기 힘들지만, 이제는 아들이 저를 더 즐겁게 해주고 싶어 하는 것 같아 기운이 나요.

한 번은 아들이 주방 바닥에 책과 옷을 내팽개쳐두었던 적이 있어요. 평상시의 나였다면 그런 모습을 보고 아들에게 소리를 질렀을 거예요. 하지만 소리 지르는 대신 차근차근 말해줬어요. 너를 따라다니며 물건을 정리해야 하면 화가 나지만 이제부터는 네가 잊어버리지 않고 자기 물건을 제자리에 놓을 거라고 믿는다고 말했지요.

그리고 저녁을 먹을 때도 더는 식사예절로 사사건건 혼내지 않았어요. 더 의젓하게 행동하길 바라는 마음으로 집안일의 책임도 더 맡기려 하고 있어요. 며칠 전에는 자기가 먹을 계란프라이를 만들게도 했어요.

아직 조심스럽기는 하지만, 분명 아이의 행동이 좋아지고 있는 것을 보며 식구들 모두 놀라고 있어요.

아이 문제의 99%는 부모의 말에서 시작된다

'착한 딸'이 아닌
자신의 감정에 솔직한 아이로 키우기

사례

헤더는 입양한 아이예요. 저희에게 온 첫날부터 큰 기쁨이었죠. 그리고 여전히 사랑스럽고 귀여운 아이로 자랐어요. 저는 딸을 저의 자랑이자 기쁨으로 여겼을 뿐만 아니라 하루에 열 번도 넘게 딸이 나에게 얼마나 행복을 가져다주는지 얘기해줬어요. 그런데 책을 읽다 보니 '착한' 딸이라거나 '나의 기쁨'이라는 말로 아이에게 너무 무거운 짐을 지워주는 게 아닐까 싶었어요. 딸이 나에게 내색하지 못하는 또 다른 속마음이 있는 게 아닐지 걱정스럽기도 했어요.

그런 걱정이 들자 그동안 시도하지 않았던 여러 가지 방법을 사용해보게 되었어요. 특히 헤더에게 마음속에 어떤 감정이 느껴지든 괜찮다고, 화나거나 속상하거나 좌절감이 들어도 괜찮다고 알려줄 방법을 생각하는 것이 무엇보다 중요할 것 같았어요. 어느 날 나는 30분 늦게 딸을 태우러 학교에 가서는 말했어요.

"오래 기다려야 해서 짜증났겠다."

평상시였다면 "참을성 있게 기다려줘서 고마워, 우리 딸"이라고 말했을 거예요.

또 한 번은 이런 말을 해줬어요.

"친구가 만나기로 약속해놓고 어겨서 그 친구에게 가서 따지고 싶었을 것 같아."

평상시였다면 "음, 다른 사람들은 너처럼 배려심이 많지 않아"라고 말했을 거예요.

딸이 나에게도 자신의 부정적인 감정을 자연스럽게 털어놓기를 바라면서 나도 그런 모습을 보여주려고 노력했어요. 그러다 며칠 전엔 이런 식으로 말했어요.

"지금 예민한 상태니까 잠깐 혼자 있고 싶구나."

칭찬하는 방식을 바꾸려고 애쓰기도 했어요. 아이가 학교 성적이 좋아져서 너무 행복하다는 식으로 말하는 대신 아이의 잘한 부분을 짚어 설명해주고는 더 이상 아무 말도 하지 않았어요.

그러던 어느 날 아침 헤더가 드디어 자신의 솔직한 감정을 터뜨리기 시작했어요. 헤더기 샤워를 하고, 나는 설거지를 하고 있었어요. 설거지를 하느라 뜨거운 물을 쓰는 바람에 욕실에는 찬물이 나왔나 봐요. 좀 지나서 딸이 쿵쿵거리며 주방으로 걸어와 꽥 소리를 질렀어요. "내가 뜨거운 물 틀지 말아달라고 부탁했잖아요. 얼음같이 차가운 물로 샤워했다구요!!"

아이가 한 달 전에 그렇게 소리를 질렀다면 충격을 받았겠지만, 그때 나는 이렇게 말했어요.

"네 목소리를 들으니 얼마나 화가 났는지 잘 알겠어! 다음엔 네가 샤워 할 때 뜨거운 물을 절대 쓰지 않을게!"

앞으로는 헤더가 더 많이 "자신을 표현"하게 되겠다는 생각이 들면서 이제는 듣기 좋은 소리만 듣지는 않겠구나 싶었어요. 하지만 장기적인 관점에서 볼 때, 딸이 계속해서 '엄마의 기쁨'이 되어야 하는

아이 문제의 99%는 부모의 말에서 시작된다

것보다 진정한 자신이 되는 것이 더 중요한 일이라는 생각엔 변함이 없어요. 그리고 이제는 사람들이 자신의 아이가 얼마나 '착한지' 얘기하는 소리를 들을 때마다 조금 의아해져요.

사례

어제 두 딸과 같이 놀이터에 나갔다가 여덟 살 난 큰딸 케이트를 큰 소리로 네 번 정도 불렀어요. "웬디 잘 보고 있어." "웬디가 미끄럼틀을 올라가면 네가 잡아줘야지." "웬디한테서 떨어지지 마."

그러다 내가 케이트에게 책임감 있는 언니의 역할을 맡기고 있는 건 아닌지 생각하게 되었어요. 사실 그때 나는 케이트를 크게 신뢰했지만 큰 압박을 주고 있기도 했어요. 실제로도 케이트의 도움이 많이 필요하기도 했고요.

한편으론 다섯 살짜리 동생 웬디를 너무 아기 취급하고 있는 게 아닌가 하는 의문도 들었어요. 그런 생각을 하면 할수록 케이트가 원망을 품고 있는 것 같은 느낌이 들었어요. 큰딸은 여름 놀이학교가 끝나면 웬디를 데리고 집까지 걸어 오길 싫어했고, 더는 동생에게 책을 읽어주려고 하지도 않았어요. 웬디가 아직도 혼자 알아서 하지 않는 일들을 케이트는 웬디의 나이 때 혼자 해서 우유도 자기가 따라 먹곤 했다는 사실도 깨달았어요.

아직은 이런 문제와 관련해서 아무것도 하고 있지는 않지만, 두 딸 모두에게 필요한 것이 무엇인지 대해 차츰 확신이 들고 있어요. 웬디는 자립성을 높이도록 도와줘야 해요. 이것은 웬디 자신을 위한 일이지만, 크게 봤을 때 케이트의 압박을 덜어주기 위해서도 필요한 일이죠. 그리고 케이트에게는 동생을 돌봐주고 싶은지에 대한 선택권을 줘야 해요. 내가 케이트의 도움을 절실하게 필요로 하는 경우가 아니라면 케이트에게는 그런 선택권을 줄 필요가 있어요. 그리고 케이트에게도 가끔은 살짝 아기 취급을 해주는 게 좋을 것 같아요. 그렇게 해준 지가 너무 오래 되었어요.

아들의 거짓말을 멈추게 만든 엄마의 비밀

사례

어느 날 한 이웃집 여자가 전화를 걸어서 목소리를 덜덜 떨며 나의 아들 네일이 학교에 가는 길에 자신이 아끼는 튤립을 세 송이 꺾는 걸 봤다고 하더군요.

나는 그녀에게 거듭 사과했고, 전화를 끊으며 "또 시작이군!" 하고 생각했어요. 이 일에 대해 물으면 아들은 자기는 아무 상관없는 일이라고 잡아뗄 게 뻔했어요. 시계를 분해해놓았을 때도 그랬거든요. 하지만 결국 나중에 아들 방에 시계 부품을 발견했죠. 그리고 학년을 월반했다고 말했을 때도 마찬가지였어요. 내가 선생님에게 전화를 했다가 월반이 폐지되었다는 말을 들었어요. 요즘 들어 거짓말을 너무 많이 하는데 심지어는 아이 형까지 "엄마, 네일이 또 거짓말해요!" 라고 말하는 경우가 한두 번이 아니에요.

나는 항상 아들에게 사실대로 말하라고 다그치고, 아들이 거짓말을 하면 거짓말쟁이라고 부르거나 거짓말에 대한 설교를 늘어놓거나 벌을 주기 일쑤라 오히려 상황을 더 악화시키고 있었던 것 같아요. 이웃집 여자의 전화를 받고 아들에게 너무 화가 나긴 했지만, 네일에게 또 다시 '거짓말쟁이' 꼬리표를 붙여서는 안 된다고 생각했어요.

아들이 점심을 먹으러 집에 왔을 때 아들에게 되물으며 따지기보다는 단도직입적으로 말했어요.

"네일, 이웃집 아주머니 말로는 네가 그 아주머니의 튤립을 꺾었다던데."

"아니에요, 안 그랬어요. 제가 아니에요!"

"아줌마가 보셨대. 그때 창가에 서 계셨대."

"엄마는 제가 거짓말을 한다고 생각하시는데 아줌마가 거짓말을 하는 거예요!"

"네일, 나는 누가 거짓말쟁이인지를 가리자는 게 아니야. 이 일은 이미 일어난 일이야. 이유는 잘 모르겠지만, 네가 아줌마의 튤립 세 송이를 꺾기로 마음먹었던 거야. 그러니까 이제는 일을 수습할 방법을 생각해야 해."

네일이 눈물을 뚝뚝 흘리며 털어놓았어요.

"선생님에게 꽃을 가져다 드리고 싶어서 그랬어요."

나는 아들을 다독이며 "저런. 그런 이유 때문이었구나. 말해줘서 고마워. 가끔은 사실대로 말하기가 힘들 때도 있지. 네가 곤란해질 수 있다는 생각이 들 때는 특히 더 그래"라고 말해주었어요. 그러자 아들이 흑흑 흐느껴 울기 시작했어요.

"네일, 네가 얼마나 후회하고 있는지 잘 느껴져. 이웃집 아주머니가 단단히 화가 나셨는데 어떻게 하면 좋을까?" 나는 아들을 무릎에 앉히며 말했어요.

네일이 다시 울음을 터뜨리며 말했어요.

"겁이 나서 죄송하다는 말씀을 못 드리겠어요."

"그럼 글로 사과드리면 어떨까?"

"잘 모르겠어요. 엄마가 도와주세요."

우리는 같이 짧은 편지를 작성했고 아들이 프린트를 했어요.

나는 "이 정도면 충분할 것 같아?"라고 물었어요.

아들은 어리둥절한 표정이었어요.

나는 "아주머니에게 새로 튤립 화분을 사드리는 건 어떨까?"라고 물었어요.

그러자 네일이 "그게 좋을 것 같아요"라며 함박웃음을 지었어요.

학교 수업이 끝나자마자 우리는 같이 꽃집에 갔고, 네일은 튤립 네 송이가 있는 화분을 골라 그 화분을 편지와 함께 오즈굿 부인의 문 앞에 가져다놓았어요.

이제 네일은 다시는 이웃집의 꽃을 다시는 꺾지 않을 것 같아요. 그리고 앞으로는 거짓말을 그렇게 많이 하지도 않을 것 같아요. 이제부터는 나에게 더 솔직하게 이야기하겠지요. 이제는 더 이상 네일이 거짓말쟁이라는 꼬리표에 갇히지 않고 사실대로 말하게 할 수 있는 방법을 찾을 거예요.

아이의 인생을 뒤바꾼 부모의 말 한마디

사례

어느 날 한 아빠가 다음처럼 우리를 추억에 잠기게 했다.

"나의 어린 시절이 기억나요. 그때 나는 아빠에게 별별 황당한 계획을 말하곤 했어요. 아빠는 언제나 제 말을 아주 진지하게 들어주셨고, 이런 말을 해주기도 하셨죠. '아들, 네 생각은 뜬구름을 잡고 있는 것일지 몰라도 발은 땅을 단단히 딛고 있구나.' 그런데 아빠가 그려준 그 자아상, 그러니까 꿈을 꾸는 동시에 현실을 다룰 방법도 아는 사람라는 자아상이 지금까지 아주 힘든 시간들을 헤치고 나오는 데 힘이 되었어요. 이 자리에 이런 경험이 있었던 분이 또 안 계신지 궁금했어요."

이 말에 모두들 과거로 거슬러 올라가 자신의 삶에 결정적 영향을 미친 메시지들을 찾느라 생각에 잠겼다. 잠시 후 우리는 돌아가며 자신의 기억을 꺼내놓기 시작했다.

"내가 어린 소년이었을 때 할머니는 틈만 나면 나에게 손이 아주 야무지다고 말씀하셨어요. 바늘에 실을 꿰어드리거나 엉킨 털실을 풀어드릴 때마다 '금손'을 가졌다고 하셨죠. 내가 치과의사가 되기로 결심한 데에는 그런 말도 영향을 주었던 것 같아요."

"나는 교직 생활을 시작한 첫 1년간은 위압감에 짓눌렸어요. 주임 교수님이 잠깐씩 들러 제 수업을 지켜보다 나중에 한두 가지를 지적해주었지만 그때마다 이 말을 덧붙이셨어요. '당신에 대해서는 별로 걱정하지 않아요, 엘렌. 기본적으로 스스로를 교정할 줄 아는 사람이니까요.' 그 분은 그 말이 저에게 얼마나 용기를 북돋워주었는지 모르실 거예요. 매일같이 그 말에 매달려 헤쳐나갔어요. 그 말에 힘입어 나 자신을 믿으면서요."

"내가 열 살 때 부모님이 외발자전거를 사주셨어요. 한 달 동안은 자전거에서 넘어지기 일쑤였어요. 과연 제대로 탈 줄 알게 되기는 할까 싶었지만 어느 날 제가 균형을 잘 맞추며 페달을 굴리고 있었어요! 어머니는 그런 나를 기특하게 여기셨죠. 그때부터 내가 프랑스어든 뭐든 새로운 걸 배우게 되어 걱정을 할 때마다 '외발자전거를 탈 줄 아는 여자애한테 프랑스어가 뭐 대수겠어'라고 말해주곤 하셨어요. 물론 말이 안 되는 소리였죠. 외발자전거 타기랑 언어를 배우는 거랑 무슨 상관이 있겠어요? 그래도 그런 말을 들으면 좋았어요. 그게 거의 30년 전의 일인데 지금까지도 새로운 도전에 직면할 때마다 그 시절 어머니의 그 목소리가 귓가에 선해요. 우스운 일 같지만 그 이미지가 아직까지도 저에게 힘이 돼요."

모임의 거의 모든 사람이 털어놓을 만한 기억들을 가지고 있었다. 그 모임이 끝났을 때 우리는 그냥 자리에 앉아 서로를 바라보았다. 우리 모두에게 각자의 소중한 기억을 떠올리게 해준 그 아버지는 놀라움에 고개를 내저었다. 그리고 잠시 후 입을 떼더니 우리 모두를 대변해 말했다. "여러분의 말이 아이의 삶에 미치는 힘을 과소평가하지 마세요!"

아이 문제의 99%는 부모의 말에서 시작된다

기적 같은 변화를 이끌어낸
부모의 말하기

    부모들이 우리에게 꾸준히 지적해왔듯 아이에게 꼬리표를 붙이고 그 역할에 갇혀 있지 않도록 도와주는 과정은 쉽지 않다. 아이를 대하는 태도를 완전히 바꿔야 할뿐만 아니라 여러 기술들을 터득해야 하기 때문이다. 한 아버지는 이렇게 말했다. "역할을 바꿔주려면 감정, 자율성, 칭찬, 벌주기의 대안 등 모든 걸 종합적으로 동원할 줄 알아야 해요. 그만큼 노력이 필요하죠."

    이쯤에서 좋은 의도만을 가진 부모와 아이를 사랑하는 마음으로 다양한 방법을 사용하는 부모 사이의 차이를 예를 들어 살펴보기 위해 다음과 같은 두 가지 상황을 살펴보자. 두 상황 모두 마치 공주처럼 행동하는 수지의 사례이다. 이런 상황에서 엄마가 딸을 대하는 방식이 어떻게 달라질 수 있는지 살펴보자.

공주 역할에 갇힌 수지_상황 1

엄마: 엄마 왔다! 안녕, 수지! 엄마가 왔는데 인사도 안 해! (수지가 부루퉁한 얼굴로 올려다보더니 엄마를 본 체 만 체 하고는 계속 색칠하기에 열중한다.)

엄마: (짐을 내려놓으며) 음, 이 정도면 오늘 밤 모임 준비는 거의 다 된 것 같아. 롤 카스테라, 과일, 그리고 (종이봉투를 딸 앞에 대고 흔들며 딸이 웃게 하려 애쓰며) 수지 너를 위한 서프라이즈 선물까지 준비했지.

수지: (봉투를 잡으며) 뭔데요? (한 번에 하나씩 안에 든 것을 꺼내며) 크레용이네요? 잘 됐다. 필통이랑 … (화가 난 투로) 파란색 공책이잖아요! 제가 파란색 싫어하는 거 알면서. 빨간색 공책을 사오지.

엄마: (변명하듯이) 어쩌다 보니 그렇게 됐네요, 꼬마 아가씨. 매장을 두 군데나 들렀는데 두 곳 다 빨간색이 없지 뭐야. 마트에도 품절이고 문구점에도 없더라고.

수지: 은행 근처의 매장에도 가보지 그러셨어요?

엄마: 시간이 없었어.

수지: 그럼, 다시 갔다 오세요. 나는 파란색은 싫어요.

엄마: 수지야, 겨우 공책 하나 때문에 다시 나갔다 올 순 없어. 오늘 할 일이 많단 말이야.

수지: 파란색 공책은 안 써요. 엄마가 괜히 돈만 버린 거예요.

엄마: (한숨을 내쉬며) 너 정말 버릇이 없구나! 모든 걸 네 마음대로 해야 직성이 풀리지, 아니야?

314   아이 문제의 99%는 부모의 말에서 시작된다

수지: (애교를 부리며) 아니, 그런 거 아니에요. 빨간색을 좋아해서 그런 거예요. 파란색은 너무 싫단 말이에요. 제발요, 엄마, 부탁이에요!

엄마: 음… 그럼 나중에 다시 갔다 올게.

수지: 너무 좋아요. (다시 색칠하기를 하면서) 엄마?

엄마: 응?

수지: 오늘밤에 벳시가 자고 갔으면 좋겠어요.

엄마: 그건 안 되겠는데. 오늘밤에 저녁식사에 아빠와 엄마의 손님이 오실 거라서.

수지: 그치만 벳시는 오늘 자고 가야 해요. 벌써 그래도 된다고 말했단 말이에요.

엄마: 그럼 다시 전화해서 안 된다고 얘기해.

수지: 엄마 나빠요!

엄마: 나쁘긴 뭐가 나빠. 그냥 손님이 와 계실 때 애들이 이리저리 돌아다니지 않길 바라는 것 뿐인데. 지난번에 너희 둘이 소란 피웠던 일 기억 안 나?

수지: 귀찮게 하지 않을게요.

엄마: (목소리를 높이며) 안 된다고 했잖아!

수지: 엄마는 나를 사랑하지 않아요! (울기 시작한다.)

엄마: (괴로워하며) 수지, 엄마가 널 사랑한다는 거 잘 알면서. (딸을 다정하게 안아주며) 자자, 그만 울어, 우리 공주님?

수지: 제발요, 엄마, 제발 제발요? 아주 얌전히 있을게요.

엄마: (잠깐 마음이 약해지며) 음 … (고개를 내저으며) 수지, 안 될 것 같아. 왜 자꾸 엄마를 이렇게 힘들게 하니? 엄마가 '안 돼'라고 말하면 정말 '안 되는' 거야!

수지: (색칠하기 책을 바닥으로 던지며) 엄마 미워요!

엄마: (단호한 표정을 지으며) 누가 책 던지래? 어서 주워.

수지: 싫어요.

엄마: 당장 줍지 못해!

수지: (목이 터져라 악을 쓰며 새 크레용을 한 번에 하나씩 바닥으로 내던지면서) 싫어! 싫어! 싫어! 싫어!

엄마: 크레용 그만 던져. 건방지게 이게 뭐하는 짓이야!

수지: (크레용 하나를 더 던지며) 내 마음이에요.

엄마: (수지의 팔을 찰싹 때리며) 그만하라고 했잖아, 이 버릇없는 녀석아!

수지: (소리를 꽥 지르며) 엄마가 날 때렸어! 엄마가 날 때렸어!

엄마: 너는 엄마가 사준 크레용을 부러뜨렸잖아.

수지: (발작적으로 울음을 터뜨리며) 이거 봐요! 엄마 때문에 여기 자국 난 거.

엄마: (아주 속상해하면서 수지의 팔을 문질러주며) 엄마가 정말 미안해, 아가. 여기가 살짝 긁혔네. 엄마 손톱에 긁혔나 보다. 금방 괜찮아질 거야.

수지: 엄마가 날 다치게 했어요!

엄마: 엄마가 일부러 그런 게 아니라는 거 너도 알잖아. 엄마가 어

아이 문제의 99%는 부모의 말에서 시작된다

떻게 우리 딸을 다치게 하겠니? 있잖아, 벳시한테 전화해서 오늘
밤에 우리 집에 와도 된다고 말하자. 그러면 기분이 좋아지겠어?

수지: (여전히 눈물을 글썽이며) 네.

위의 대화에서 알 수 있듯이, 좋은 의도만 가지고 아이의 문제 행
동에 변화를 가져올 수는 없다. 부모들이 꼬투리를 잡히게 되는 경우
엔 기술도 필요하다.

아래의 상황2에서 엄마는 딸이 다르게 행동하도록 도와주기 위해
자신이 아는 모든 기술을 동원하는 점에서 차이가 있다.

공주 역할에 갇힌 수지_상황 2

엄마: 엄마 왔다! 안녕, 수지. 색칠하기 하느라 정신이 없나보네.

수지: (위를 올려다보며) 네.

엄마: (짐을 내려놓으며) 이 정도면 오늘밤 손님을 맞을 준비는 되
었겠지. 그런데 있지, 엄마가 나간 길에 너 주려고 학용품 좀 사왔
어.

수지: (종이 봉투를 잡으며) 뭐 사오셨는데요? (물건들을 꺼내며) 크
레용이다. 잘 됐다. 필통도 있고… (화가 난 투로) 파란색 공책이
네! 제가 파란색 싫어하는 거 아시면서. 왜 빨간색으로 안 사오셨
어요?

엄마: 엄마가 왜 그랬을까?

수지: (머뭇거리다) 가게에 빨간색 공책이 없어서요?

엄마: (수지의 말을 인정해주며) 맞았어.

수지: 그러면 다른 가게에 가보면 됐잖아요.

엄마: 수지, 엄마는 밖에 나갔다가 우리 딸을 위한 특별한 선물을 사다줄 땐 이런 말이 듣고 싶어. "고마워요, 엄마. 크레용 고맙습니다. … 필통 고마워요. … 공책 사다주셔서 고맙습니다. 제가 좋아하는 색은 아니지만 그래도 고마워요."

수지: (마지못해 하며) 고맙습니다. 그래도 파란색은 정말 싫어요.

엄마: 그럴 만하지. 색에 관한 한 너는 취향이 확실하니까!

수지: 맞아요! 나는 꽃을 그릴 때도 전부 빨간색으로만 칠해요. 엄마, 오늘밤에 벳시가 와서 자고 가도 돼요?

엄마: (곰곰이 생각하다가) 오늘밤엔 아빠와 내가 손님을 맞아야 하는데. 하지만 다른 날에는 기꺼이 환영이야. 내일은 어때? 다음 주 토요일은?

수지: 그래도 오늘밤에 자고 가야 하는데. 벌써 그래도 된다고 말했단 말이에요.

엄마: (단호한 표정으로) 수지, 엄마 생각엔 선택 가능한 날은 내일이나 다음 주 토요일이야. 둘 중 아무 때나 네가 좋을 대로 고르면 돼.

수지: (입술을 파르르 떨며) 엄만 절 사랑하지 않아요.

엄마: (의자를 딸 옆으로 당겨 앉으며) 수지, 지금 이건 사랑에 대한 문제가 아니야. 네 친구가 와서 자고 가기에 가장 좋은 때를 정하는 문제지.

아이 문제의 99%는 부모의 말에서 시작된다

수지: (눈물을 글썽이며) 오늘밤이 가장 좋은데.

엄마: (끈기를 보이며) 너도 만족스럽고 엄마도 만족스러울 만한 시간을 찾아보자.

수지: 엄마가 뭘 바라는지는 관심 없어요! 너무하세요! (색칠하기 책을 바닥에 던지며 울음을 터뜨린다.)

엄마: 이러면 못써! 책은 던지는 거 아니야! (책을 주워 먼지를 턴다.) 수지야, 어떤 일로 감정이 북받칠 땐 말로 네가 어떤 기분인지를 말해봐. 이렇게 말하면 돼. "엄마, 나 지금 화가 나요! 너무 속상해요! 벳시가 오늘밤에 와서 자고 가는 걸 기대하고 있었단 말이에요."

수지: (탓하는 투로) 둘이 같이 초코칩 쿠키 만들어서 TV 보기로 했는데!

엄마: 그랬구나.

수지: 그리고 벳시가 자기 침낭을 가져온다고 해서, 제 매트리스를 그 침낭과 나란히 바닥에 깔고 자기로도 했어요.

엄마: 저녁에 같이 뭘 할지 계획을 다 짜두었구나!

수지: 네! 오늘 학교에서 하루 종일 그 얘기를 했어요.

엄마: 잔뜩 기대하고 있다가 계획을 바꿔야 하면 크게 실망할 수 있지.

수지: 맞아요! 그러니까 오늘밤에 벳시에게 오라고 하면 안 돼요, 엄마? 제발이요, 제발. 제발 제발요?

엄마: 네가 이렇게 원하니 엄마도 오늘밤에 와서 자고 가라고 했

으면 좋겠어. 그런데 안 돼. (의자에서 일어난다.) 수지, 엄마 이제는 주방에 가봐야 해.

수지: 그래도 엄마 ….

엄마: (자리를 뜨며) 그리고 엄마는 저녁을 준비하면서도 네가 얼마나 실망하고 있는지 잘 알고 있을 거야.

수지: 그래도 엄마 ….

엄마: (주방에서 큰 소리로) 다른 날 언제 벳시한테 오라고 할지 마음이 정해지면 엄마한테 바로 알려줘.

수지: (전화기를 집어들고 친구에게 전화한다.) 안녕, 벳시. 오늘밤에는 못 오겠다. 엄마 아빠한테 멍청이 같은 손님이 온대. 그래서 내일이나 다음 주 토요일에 와야 할 것 같아.

상황2에서 엄마는 마치 공주처럼 자기가 원하는 대로 행동하려는 수지의 행동을 바로잡기 위해 필요한 방법을 동원했다. 실제 삶에서도 아이와 부모 모두에게 도움이 되는 이런 식의 반응을 언제나 잘 떠올릴 수 있다면 얼마나 좋을까?

하지만 삶은 암기해서 연기할 수 있는 깔끔한 대본이 아니다. 아이들이 날마다 우리를 끌어들이는 현실의 삶은 연습을 해볼 기회나 신중한 생각을 해볼 시간을 주지 않는다. 하지만 후회되는 행동이나 말을 하더라도 돌아갈 수 있는 기본 원칙들이 있다. 사실, 아이의 감정에 귀 기울이거나, 아이의 감정에 대해 얘기를 나누거나, 지나간 일을 탓하기보다 앞으로의 해결책에 힘쓰면 너무 멀리까지 잘못 갈 일도 없다. 순간적으로 잠깐 경로에서 이탈할 수는 있지만 앞으로 다시 돌아오지 못할 만큼 완전히 길을 잃게 될 가능성은 사라진다.

　마지막으로 한 가지 더 생각해볼 문제가 있다. 부모 역시 좋은 부모, 나쁜 부모, 자유방임적 부모, 권위적인 부모 등의 어떤 하나의 역할에 갇혀서는 안 된다 것이다. 그러기 위해서는 부모가 스스로를 변화와 발전의 가능성이 있는 인간으로 바라보아야 한다. 아이들과 함께 살거나 생활하는 일은 힘들고 지치는 과정이다. 매 순간 자신의 행동에 만족하고 아이들과 바람직한 이야기만을 나눌 수는 없다. 혹시 스스로의 기대에 못 미치더라도 자신에게도 아이들을 대할 때와 같이 그렇게 너그럽고 친절한 태도를 가져보자. 우리 아이들이 천 번까지, 그리고 또 한 번 더 기회를 누릴 자격이 있다면 우리 자신에게도 천 번까지, 그리고 또 두 번 더 기회를 줘보자.

내 아이를 바꾸어놓은 말하기의 핵심

　당신은 이 책을 읽으면서 지금까지 스스로에 대해 많은 물음을 던져왔다. 받아들일 새로운 원칙, 실행에 옮길 새로운 기술, 배워야 할 새로운 패턴, 버려야 할 예전의 패턴 들도 알게 되었다. 정리해서 자신의 것으로 소화시킬 것이 아주 많다보니 때로는 더 큰 그림을 놓치지 않기가 힘들다. 그러니 마지막으로 다시 한번 이 소통법의 핵심을 살펴보자.

우리가 원하는 것은 우리 스스로에게도 만족감을 느끼고 우리가 사랑하는 사람들도 스스로에게 만족감을 느끼게 도와주면서 함께 살아갈 방법이다.

　　꾸지람과 질책 없이 살아갈 방법이다.

　　서로의 감정에 더 세심히 신경써줄 방법이다.

　　남에게 상처를 주지 않으면서도 자신의 감정을 표현할 방법이다.

　　아이들의 필요를 존중해주고 자신의 필요를 존중받을 방법이다.

　　아이에게 배려심과 책임감을 갖추어줄 수 있는 방법이다.

　　대대로 물려내려온 도움도 안 되는 대화의 사이클을 깨고 우리 아이들에게 새로운 유산을 전해주는 것이다. 아이들이 이런 새로운 소통법을 남은 평생 동안 친구, 동료, 부모, 배우자뿐만 아니라, 언젠가 자신의 자식들에게도 활용하게 되기를 바란다.

How To Talk So
Kids Will Listen

옮긴이 정미나

출판사 편집부에서 오랫동안 근무했으며, 이 경험을 토대로 현재 번역 에이전시 엔터스코리아에서 출판기획 및 전문 번역가로 활동하고 있다. 옮긴 책으로는 『와인 바이블(2022 EDITION)』, 『매혹과 잔혹의 커피사』, 『스티비 원더 이야기: 최악의 운명을 최강의 능력으로 바꾼』, 『우리가 사랑할 때 물어야 할 여덟 가지: 행복한 남녀관계를 위한 대화 수업』, 『아이 마음에 공부불꽃을 당겨주는 엄마표 학습법: 미국 엄마들의 홈스쿨링 바이블』, 『나는 무조건 성공하는 사업만 한다: 뉴노멀 시대, 새로운 성공의 법칙을 만든 사람들』 등 다수가 있다.

아이 문제의 99%는 부모의 말에서 시작된다

초판 1쇄 발행 2023년 10월 6일

지은이 아델 페이버, 일레인 마즐리시
펴낸이 정덕식, 김재현
펴낸곳 (주)센시오

출판등록 2009년 10월 14일 제300-2009-126호
주소 서울특별시 마포구 성암로 189, 1711호
전화 02-734-0981
팩스 02-333-0081
전자우편 sensio@sensiobook.com

ISBN 979-11-6657-122-0 03590

소중한 원고를 기다립니다. sensio@sensiobook.com